多　　　思　　　的　　　实　　　践　　　者

U0347825

广东省第八届"省长杯"

工业设计大赛优秀论文集

广东省第八届"省长杯"工业设计大赛组委会　编

中国建筑工业出版社

图书在版编目（CIP）数据

多思的实践者：广东省第八届"省长杯"工业设计大赛
优秀论文集／广东省第八届"省长杯"工业设计大赛组委
会编. —北京：中国建筑工业出版社，2017.6
　ISBN 978-7-112-20896-8

Ⅰ.①多…　Ⅱ.①广…　Ⅲ.①工业设计－作品集－广东－
现代　Ⅳ.①TB47

中国版本图书馆CIP数据核字（2017）第129052号

　　本书为广东省"省长杯"工业设计大赛的优秀论文集选，论文和报告面向各
设计研究机构、院校、设计公司和企业，在工业设计、服务设计、家具设计、服
装服饰设计、交互设计等方向，征集有关设计基础研究、设计方法研究、设计评
价研究、设计案例分析报告以及围绕设计的商业模式研究等内容。
　　面向院校、企业、设计机构等工业设计及相关职业的从业人员。

责任编辑：陈仁杰
责任校对：焦　乐　李欣慰

多思的实践者
广东省第八届"省长杯"工业设计大赛优秀论文集
广东省第八届"省长杯"工业设计大赛组委会　编
　　　　　　　　　　　＊
中国建筑工业出版社出版、发行（北京海淀三里河路9号）
各地新华书店、建筑书店经销
北京佳捷真科技发展有限公司制版
北京市密东印刷有限公司印刷
　　　　　　　　　　　＊
开本：889×1194毫米　1/20　印张：8¾　字数：421千字
2017年6月第一版　2017年6月第一次印刷
定价：36.00元
ISBN 978 - 7 - 112 - 20896 - 8
　　　　（30543）

编 委 会

主　编：何　荣

副主编：谭杰斌　胡启志

编　委：曾海燕　全在勤　卢振港　梁家中

　　　　侯　彪　周红石　潘自强　陈　洁

　　　　刘仕飞　曹美娴

前　言

十八年前，一本汇聚广东工业设计从业者对本地设计发展中正在或将要发生的问题深入理解思考后的学术文集——《多思的实践者：99'广东工业设计研讨会论文集》由广东科技出版社正式出版。当初，论文集所要表达的观点：学术，应当是勤于思考的实践者理性的声音，脱离鲜活的设计实践，从故纸堆里翻捡出的"理论"，是没有学术价值的。做多思的实践者，应当是广东工业设计学术发展的方向。这些观点，在十八年后的今天看来，仍然具有极为重要和积极的指导意义，做多思的实践者，也成为我们这些后来者们信奉和践行的圭臬。

今天的中国，正在全面融入全球经济一体化体系，中国经济也正在发生前所未有的变革与转型。靠自然资源和资本投入支撑的传统经济发展模式将被摒弃，创新驱动的发展模式将成为主流。设计的作用和责任如此地突显出来，设计已经成为我国从"中国制造"迈向"中国创造"的内生动力，是实现我国制造业由跟踪模仿到自主创新和引领跨越，由全球价值链中低端迈向中高端水平的关键和引领环节，对构建高端化、智能化、绿色化、服务化的新型制造体系，提升制造业可持续发展能力和国际竞争力，加快建设制造强国具有十分重要的战略意义。

近年来，广东已经成为中国内地最大制造产能和规模的地区，也是最富有设计活力的区域之一，广东的工业设计与广东的制造产业的关系正在迅速地跨越"伴随成长"和"融合发展"的阶段，迈向"引领提升"的阶段。随着信息、通信、大数据、新能源、新材料等技术领域的不断突破和快速发展，在创新民主化和消费主权升级的双重推动下，"设计创新"正和技术创新、商业创新、系统创新等一起成为一种推动经济社会发展的重要创新模式。设计正在步入一个崭新的领域、一个新的时代，设计不仅创造产品，设计还将创造新的生活方式、创造新的文化。这也意味着，设计从业者们应该肩负更多的责任与使命。特别是随着国家粤港澳大湾区建设战略的推进，以创新能力为标志的大湾区创新设计生态和制造业创新综合体群落的建设成为核心，工业设计将面临新的机遇和挑战。因此，在勇于创新实践的同时，我们需要思考、需要总结、需要理性的声音。

于是，我们重举"多思的实践者"这面旗帜，重新思考和定义设计，用设计来定义产业。利用第八届"省长杯"工业设计和广东设计周的平台，我们面向全省各设计研究机构、院校、设计公司和企业，征集了各类的设计研究、设计案例和设计商业模式等方面的报告（论文）共79篇，从中评选出26篇优秀论文，按产业研究、创新实践、教育探索、设计平台、设计前沿、他山之石六个部分进行归类，并结集出版。

真诚感谢所有作者的付出。这个快速变化、躁动的社会，需要静心的思考。设计自其诞生之日起就是带着使命的，让我们用良知、智慧和能力，创造属于这个时代的新物种、新文化。

目　录

创新实践

产业研究

他山之石

| 设计前沿 |

手表产品 "情感化设计" 模式

贾 非

内容摘要： 本文立足于飞亚达面临国产品牌与瑞士品牌双重竞争的市场现实。为了提升飞亚达品牌形象，加强产品的辨识度和差异化，提升产品的溢价能力与市场占比，提高消费者对品牌的忠诚度，飞亚达必须创新产品的设计开发模式。

"情感化设计模式"是我们在对品牌、产品的研究与实践中，不断提炼探索出的一种设计模型或方法。其模式是通过对消费者情感需求的识别与研究，深度挖掘消费者的情感类型与共鸣点，并经由设计来进行表达与演绎。

通过情感化设计，增加了产品的情感文化价值，提升了消费者与产品和品牌之间的情感互动，并逐渐沉淀为品牌DNA。本文以飞亚达心弦系列女表设计为案例，来阐述情感化设计模式的开发过程、品牌价值、设计价值、产品价值等。

关键词： 品牌DNA　产品识别语系　情感化设计

1　项目实施背景

1.1　步入消费社会，产品由基本功能向情感化功能发展

中国正经历着全方位的社会转型，特别是进入消费社会后，产品之于消费者的意义也在发生根本性的改变，产品的情感化功能和符号象征功能凸显，产品已成为人们外显的社会地位的解释系统。由于消费的结构升级，其生活及消费动机也在不断多样化，心理追求逐步向高层次发展。消费者对生活的追求形成了"基本追求"→"求同"→"求异"→"优越性追求"→"自我满足追求"等基本的变化过程。情感在购买决策中的权重越来越大，由高情感的需求引起高感性消费需求，追求情感上的共鸣、体验与展示。

1.2　市场激烈纷争，建立差异化竞争优势

目前，国内的手表市场，既面临国产品牌产品同质化、激烈的价格和份额的竞争；也面临着有百年历史，有高端制表技术，有成熟的品牌运作模式的瑞士品牌挤压。如何摆脱手表产品在基本的计时功能下，对产品低层次的价格敏感？如何让消费者在众多手表产品中建立对品牌产品的青睐？并逐步积淀为品牌长久的差异化竞争优势？

飞亚达创新设计中心团队在心弦系列的女表开发中，成功实施"情感化设计"的产品开发模式，丰富了消费者对手表的感知，构建了品牌手表产品的情感价值体系和符号识别体系，为飞亚达的产品差异化策略探索出了一种方向。

2　情感化设计模式的内涵

情感化设计模式是通过对消费者情感需求的识别，深度挖掘既可以引起消费者情感共鸣、又与品牌精神和理念契合、又符合人类普世价值的情感概念，并对情感概念进行元素提取诠释，再用设计语言加以表达和演绎。通过情感化设计增加产品的情感元素，提升消费者与产品和品牌之间的情感互动，并将此情感概念的关联沉淀为品牌DNA的概念内涵，与消费者建立长久稳固的关联。由此建立品牌的差异化和区隔，丰富品牌形象，实现产品生命周期的永续，提升产品溢价能力，提高消费者忠诚度，也提高模仿者的门槛。

3　"情感化设计"模式的主要做法

3.1　"情感化设计"模式的概念框架

情感化设计模型框架的构建主要由需求挖掘、情感元素筛选、综合考量、概念实施四个阶段组成。情感元素的筛选阶段，主要考量选取的情感需求是否具有普适性，是否易于引起情感共鸣，是否能够传达品牌自身的理念、愿景及是否符合市场差异化需求。新产品概念提出后，还需根据概念本身是否具有可延续性，是否能够确保经济利益最大化来进行层层打磨。这要求产品的情感概念必须具有普适性，并且不会随潮流的改变而改变。最后，进行概念的实施以及产品后续的设计延续（图1）。

3.2　回归人性本源建立产品情感需求的分类

如何挖掘消费人群的情感需求？根据马斯洛人性基本需求层次定理，可以将人们的安全需求与生理需求看作消费者对产品的基本需求，而产品本身可带来的社交需求、自尊需求及自我实现则是精神层面的需求，这直接影响了消费者购买动机中的情感动机，也是我们需要了解的情感需求。从图2消费者心理需求的划分中，可以归纳出的心

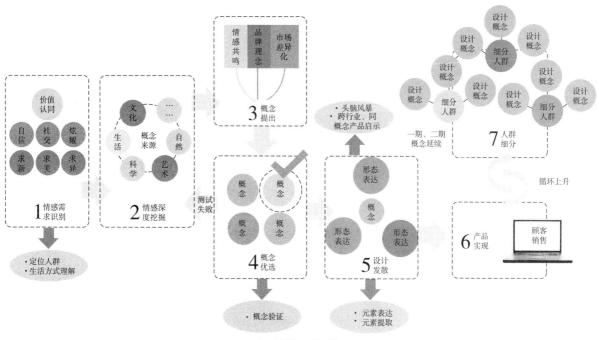

图1 情感化设计框架模型

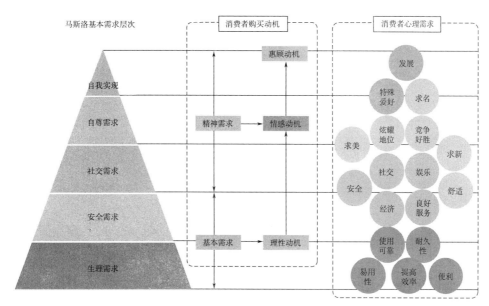

图2 消费者需求来源与归纳

理需求包括：安全、社交、娱乐、舒适、求新、炫耀地位、竞争好胜、求名、特殊爱好及发展等10个层面的需求。消费者的情感需求可以从以上10个纬度进行考量。

3.3 建立手表产品的情感需求类型和划分

根据消费者对于手表购买动机的调研结果（图3）及品牌自身的市场定位，将图2中提出的消费者情感需求进行延伸和梳理。

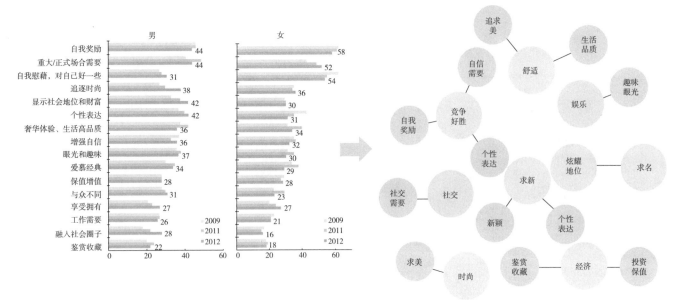

图3　消费者购买手表动机调研（左）与消费情感需求梳理（右）

在以上需求中，消费者主要需求可以被归纳为：

求新：新颖独特、可以表达个性的产品；

求美：时尚、美丽，有魅力；

娱乐：追求趣味性与独特的眼光；

舒适：追求一定的生活品质与设计上的美感；

社交：社会交往的需要；

炫耀地位：对名利的彰显；

竞争好胜：对自我的奖励，个性的表达和提升自信的需要；

经济：收藏鉴赏及投资保值的需要。

飞亚达品牌，作为国产表的领军品牌，在产品设计上可以根据以上消费者情感需求进行考量。

3.4　多纬度考量下情感概念的筛选（图4）

3.5　"情感化设计"模式的理论实践——飞亚达心弦系列女表设计案例

飞亚达心弦系列女表的开发即是运用了情感化设计的开发模式。目标人群初步定位于25岁以上，注重生活品质、内涵和细节、追求时尚优雅的广大女士群体。在情感挖掘方面，我们通过市场反馈及调研了解到这部分女性对于美丽、优雅、时尚、高贵的情感需求，以此作为发散的基点（图5）。

3.5.1　情感需求识别

基于对25岁以上女性目标客户的情感需求挖掘，项目确定了以求美、自信感及认同感为出发点的情感需求。

3.5.2　情感深度挖掘

设计小组对这三个情感进行深度挖掘。分别从文化、自然、艺术等角度，寻找可以体现出美感、自信感的元素和概念（图6）。

经过小组头脑风暴，最终归纳总结出9个概念来体现对美、自信、认同的情感：天鹅的优雅和美感；孔雀的自信和亮丽色彩；百合的优雅和优美的形态；三色堇的活力与鲜艳色彩；柳叶的形态；凤凰的优美；神秘和统领地位；法国女性的优雅。

3.5.3　概念提出

对于前期头脑风暴出的方案，考虑到概念需要在女性人群中引起广泛的情感共鸣，飞亚达品牌所提倡的品牌理念与品牌气质，以及对市场差异化的需求考量，最终提出围绕"孔雀"、"天鹅"、"凤凰"、"三色堇"四个概念进行设计发散。孔雀的美丽与优雅符合了女性对美的追求，其漫步的姿态散发出优雅的气息。天鹅优美的姿态不言而喻，在女性心目中有着强烈的共鸣。凤凰是传统的中国元素，亦有百鸟之王的称号，代表着美丽、自信、优雅，与品牌本身在国产表中的优势地位相符。

3.5.4　概念优选

在概念提出阶段推选出的四个概念方向最终还需要返回到市场进行验证。经过对企业内部的调研与顾客的感知调研，最终确定了"凤凰"这个设计概念。

3.5.5　设计发散

围绕这一设计概念，团队经过多轮的讨论和设计，以下为截选的

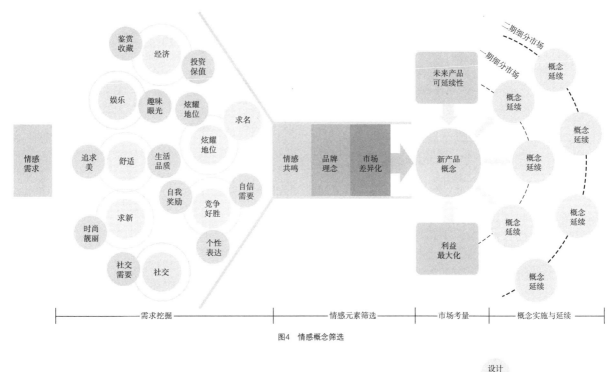

图4　情感概念筛选

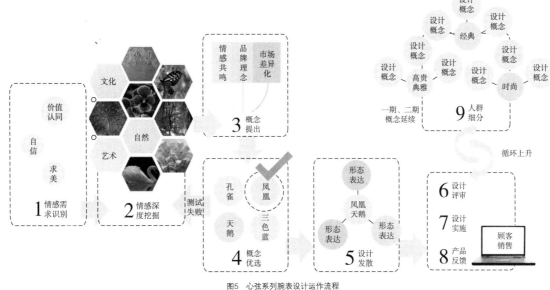

图5　心弦系列腕表设计运作流程

部分款式,对"凤凰"的概念,在手表表壳造型、表盘盘面,以及表带连接等部位要素,进行表达和呈现(图7)。

1. 设计评审

多部门对提交的设计效果图进行综合评审,对设计方案从概念表达、情感关联、美感呈现、品牌符号识别、可实现性、人机工学、可控成本等方面进行评选。最终确定了"凤凰翎羽"的设计概念和设计款式。该主题凝练了凤凰的美感、自信、百鸟之王的风范,同时富有中国吉祥幸运的寓意(图8)。

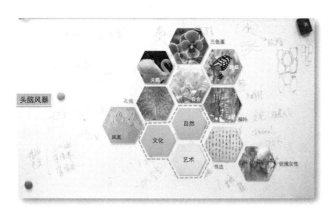

图6 头脑风暴的概念提出

图7 围绕 凤凰 概念的设计发散

图8 设计实施 最终上市的款式

2. 产品市场反馈

通过上市销售后一线反馈的结果来看,心弦系列设计很好地契合了顾客的消费心理,销售状况良好。后期我们收集整理了部分销售的反馈,主要集中于细分人群的需求及表款细节的修改。对此,我们将延续之前的设计概念,根据不同的细分人群,进行二期和三期的表款设计。

3. 人群细分

根据市场反馈及品牌自身定位,我们将该设计概念细分出3个人群,根据不同人群的需求进行了新一轮设计。

图9 根据细分人群设计的部分表款

4 项目实施效果

4.1 情感化产品设计语系,在产品、消费者和品牌之间建立起了关联

"情感化设计"的产品开发模式,是在一系列的产品识别语系和消费者的情感需求之间建立起纽带。心弦系列女表在手表的类型上,把握消费者内心,精准定位细分品类;在产品外观造型上,塑造优雅的、独特的手表产品符号语义;在概念内涵上,以凤凰的形态、概念、美好寓意作为情感诉求,创造图形和概念的符号识别;由此建立起与消费者的、与品牌的、与产品的识别码关联体系,为品牌DNA的沉淀预设铺垫。

4.2 情感化设计模式的应用,丰满了品牌形象

心弦系列女表高贵气质很好地传达了品牌高端理念,为品牌成功注入高贵优雅的女性化形象。心弦系列女表参加瑞士巴塞尔钟表展,其情感价值设计获得了媒体和专业人士的认可与好评。

4.3 心弦系列实施情感化设计模式,创造了良好的经济效益

心弦系列共上市9款产品均价达到4000多元(国产品牌女表在此价位畅销难度很大),全部畅销,从2013年7月底上市截至今,实现销售2.7亿元。心弦系列极大地提升飞亚达女表的销售份额,大幅提升了女表销售均价。心弦系列成功地完成了差异化的产品策略,在女表市场异军突起;而且,此系列完全是以差异化策略创造出了新的市场份额。

4.4 结语

飞亚达后续又成功地推出了多个依托情感化设计模式开发的产品系列,有强调生活方式、小资情调的in系列、有温婉知性的花语系列等,都创造了良好都经济效益,也让飞亚达品牌形象更加立体而丰满,富有情感和温感。

情感化设计模式是通过探寻消费者的内在情感,由此组织的产品设计语系,让消费者看到产品就能激发情感上的联觉,不仅契合了消

费者的内心深处的精神需求，也让顾客、产品和品牌之间产生了黏性。品牌通过不断强化情感符号，不断的迭代开发，逐步建立起符号的强关联，甚至实现了顾客对产品的指名购买，让模仿品牌很难跟随。

参考文献

[1] 李泽厚. 美的历程[M]. 北京：生活·读书·新知三联书店, 2009.

[2] 宗白华. 审美与意境[M]. 北京：人民出版社, 2009.

[3] 宫浩钦. 设计社会学研究[M]. 北京，中国轻工业出版社, 2015.

[4] （芬兰）Ilpo Koskinen, Tuuli MattelmaKi, Katja Battarbee. 移情设计[M]. 孙远波，姜静，耿晓杰等译. 北京：中国建筑出版社, 2011.

[5] （美）唐纳德·诺曼. 情感化设计[M]. 付秋芳等译. 北京：电子工业出版社, 2005.

[6] （美）唐纳德·诺曼. 设计心理学[M]. 梅琼译. 北京：中信出版社, 2003.

[7] （英）奎瑟贝利，（美）布鲁克斯. 用户体验设计：讲故事等艺术[M]. 周隽译. 北京：清华大学出版社, 2014.

[8] （法）波德里亚. 消费社会[M]. 刘成富，全志钢译. 南京：南京大学出版社, 2006.

[9] （法）布西亚. 物体系[M]. 林志明译. 上海：上海人民出版社, 2001.

[10] （美）保罗·福塞尔. 格调：社会等级与生活品味（修订第3版）[M]. 北京：世界图书出版公司, 2011.

[11] （英）迈克·费瑟斯通. 消费文化与后现代主义[M]. 刘精明译. 北京：人民文学出版社, 2000.

[12] Alina Wheeler. 脱颖而出的品牌致胜秘密[M]. 吕海芬译. 台北：旗标出版, 2011.

贾非

毕业于哈尔滨工程大学工业设计专业，本科学历。1999年加入飞亚达（集团）股份有限公司至今，现任创新设计中心副经理。多年来专注钟表行业，一直致力于飞亚达集团多品牌的手表设计、设计标准、设计管理、设计战略、设计研究、设计创新等方向的工作。

浅析用户体验与企业品牌的关系

林　敏

内容摘要：全球化的发展让技术变得越来越同质化，产品的竞争越来越依赖于用户体验。然而，本土企业却始终无法做出可以与国际品牌相媲美的用户体验，其中的原因值得思考。本文通过三个简单的实验，揭示了本土设计师和设计管理者对于用户体验的理解所存在的普遍偏差，并且揭示了用户体验与品牌之间的紧密联系。具象的用户体验在本质上是向用户传递抽象的品牌内涵。只有认识到两者之间的关系，体验设计才能够在用户心中建立起一致的认识。

关键词：用户体验　品牌　设计

1　前言

　　工业革命让大规模机器化生产成为现实，从而彻底改变了人们的生活方式。普通大众开始能够拥有原先只有富商贵族才能够拥有的各样用品。制造业迅猛发展，形成了许多区域性品牌。21世纪的全球化带来了又一次生活方式的大改变。跨地域的协作在产品的各个阶段形成，世界各国就如一部巨大机器中的各个零件，相互配合而运转、生产、消费……与此同时，现实世界中交通的便捷以及互联网带来的数字世界中的高速交通让一切都得以高效地在全球传播。

　　于是，地域的物理疆界突然之间被互联网的虚拟连通所突破。技术、人才、原材料都在全球范围内流动。曾经作为产品竞争的主要手段的技术差异在全球化浪潮中忽然失去了原有的力量。技术同质化成为市场的普遍现象。一个非常典型的例子是安卓智能手机，尽管在市场上我们能够看到三星、华为、小米、OPPO等数十个不同的品牌，但是它们所使用的操作系统、CPU、存储器、显示屏等核心技术及元器件都来自有限的几家供应商。这些基于相同技术的不同品牌的智能手机得以相互区分，或者说相互竞争的核心自然不再是技术，而是构建在技术之上的用户体验。

　　相较于安卓智能手机，人们普遍认为苹果公司的iPhone智能手机具有更出色的用户体验。不仅如此，苹果公司的几乎每一款产品都获得用户的极大推崇。以至于苹果公司在某种程度上代表了用户体验的高度。而反观本土众多手机品牌，尽管从硬件到软件的设计都或多或少以苹果公司的iPhone手机为参考，但始终都与iPhone的用户体验存在相当的差距。为什么iPhone的用户体验难以在本土手机上得以复制，甚至超越呢？

2　体验设计的差异

　　众所周知，iPhone手机在其操作系统iOS的底层架构中针对用户体验进行优化。苹果公司对iOS的封闭策略以及详尽制定的第三方应用设计规范都使得iPhone的用户体验是可控的。安卓系统的开放性策略的确造成了在操作系统层面上对于用户体验的支持不如iOS出色，但并不足以解释众多安卓手机在用户体验上与iPhone的显著差距。

　　如果操作系统之间的差别并非导致iPhone与安卓手机用户体验差异的主要因素，那么只能是两者的体验设计存在差距。但是，设计并不像技术那样，有时会像一个黑盒子那样令人难以知晓全部的奥秘。设计总是以非常透明和公开的形式展示出来。这就意味着，体验设计上的差异绝不是简单的设计的不同，而更可能是源自设计思想上的不同。如果将这个设想从手机推广到更普遍的产品设计范畴上，那么可以得出一个有趣的假设：本土设计师对用户体验的理解存在偏差。

3　实验一

　　在2012年到2013年间，笔者利用在不同的活动中主持用户体验工作坊的机会，向参与工作坊的设计师和设计管理者们提出一个问题："你所认为的用户体验是什么？"共有超过一百位的设计师及设计管理者对这个问题给出自己的描述。通过对这些描述的综合提炼，笔者发现他们对于用户体验的认识存在普遍的一致性。超过九成的人认为用户体验就是用户在使用一个产品或服务的过程中所产生的主观感受。

　　随后，笔者又将这个普遍共识在其他活动中展示给不同的设计师和设计管理者，询问他们是否认同这样的理解。正如意料之中的那样，绝大多数被询问的人都对这个描述表示认同。由此可见，"用户在使用一个产品或服务的过程中所产生的主观感受"可以代表多数设计师和设计管理者对于用户体验的理解。

　　这个理解至少存在两方面的问题。其一是主观感受的问题。如果用户体验是纯粹的主观感受，那么每一个用户所产生的体验就存在很大的主观性。也就是说，用户与用户之间可能存在很多种不同的主观感受。那么，一个产品或服务的用户体验就会出现分散的不确定性。这就使得设计师在设计阶段无法有效地把握该产品或服务的用户体验，无法有效地对用户体验进行设计。另一个问题是使用的问题。在上述的普遍理解中，用户必须使用过一个产品或服务才能对其体验产生感受。使用成为体验的先决条件。一个没有使用经验的人，就不可能对一个产品或服务产生用户体验的感受。这似乎与实际状况并不吻合。那些憧憬着将手机换成iPhone的人真的都有过借用别人的iPhone手机或是在苹果公司的体验店里尝试iPhone手机的经历吗？

4　实验二

为了进一步厘清实验一带来的问题，笔者仍然利用工作坊的机会，开展了第二个实验。在这个实验中，一个企业的标识会首先被展示，然后要求每位参与者独自在纸上用不超过三个词语来描述自己对于这个企业的用户体验的具体认识。在收集了每位参与者的描述之后，所有的词语会以类似卡片分类的方式加以归类整理，最后挑出最主要的五个词语。

同样，超过一百人参与了这个实验。以苹果公司为例，实验最终得出的五个描述苹果公司用户体验的词语分别是：高端、愉悦、智能、丰富、易用。这五个词语随后在另外的工作坊上被呈现给另一群参与者。他们中间超过90%的人认为这五个词涵盖了他们自己所选择的词。

这个发现，首先回答了关于主观感受的问题。不同的人根据自己的感受所写下的词语能够被归纳提炼，最终成为被普遍认同的感受。这显然不是简单的主观感受，而是具有很强的一致性。这种一致性，不可能是偶然的结果。因为同样的现象不仅仅是发生在苹果公司上，而发生在诸如耐克公司这样的国际品牌上。看似主观的感受，却从不发散，总是显现出强烈的收敛一致性，意味着这样的用户体验，其实是经过设计的。每一个用户的感受，并非简单的主观感受，而是感受到同一种经过设计在产品中得以释放的感受。只有这样，才会在众多用户中观察到非常一致的结果。

这个实验还揭示了另一个重要的发现。通常用户体验是和某个具体的产品或服务相关联的。但是，这个实验中笔者只是展示企业的标识给参与者，完全没有指出具体的产品或服务。而所有的参与者都没有提出疑问，都给出自己的描述，而且竟然彼此之间的描述都非常一致。这意味着在用户心里，用户体验已经是和企业的品牌相关联的。对用户体验的描述，本质上就是对品牌的描述。

5　实验三

如果用户体验的确是和品牌相关联，那么用户是否使用过一个产品或服务就不应该成为用户体验的制约条件。只要用户听说过一个品牌，他就会对这个品牌有所印象，那么他就应该能够对这个品牌的用户体验给出描述，而且他的描述也应该符合大多数人的认识。

为了验证这一点，笔者又开展了第三个实验。方式上依然是通过

工作坊的参与者来进行调研。这次的实验与第二个实验基本相同，唯一的变化是在每个人提供自己的描述词语后，还需要告诉笔者自己是否有过实际的使用经验。由于所测试的品牌都是诸如苹果、耐克这样的大众品牌，多数参与者都有实际的使用经验。在实验中陆续找到十多位没有使用经验的参与者。正如所预想的那样，尽管他们没有实际的使用经验，却丝毫不影响他们给出自己的描述词语。同时，他们所给出的词语，与其他具有使用经验的参与者所给出的词语一样，具有共同的一致性。

至此，用户体验与品牌的关系已经非常清晰。用户对于用户体验的理解，与用户对品牌的理解之间存在着一致的关系。用户体验，就是品牌。

6　讨论

通过三个实验的探索，"用户体验就是用户在使用一个产品或服务的过程中所产生的主观感受"这个理解被发现是错误的。用户并不需要具有使用经验就可以具有对用户体验的认识。用户也并不是产生纯粹主观的感受，而是产生看似主观实则"客观"的感受。大多数的本土设计师和设计管理者对于用户体验的理解，确实存在偏差。

这种偏差的存在，使得本土企业对于用户体验无法进行有效的把握。因此，对于用户体验的关注主要落在了产品的表现层，而忽视了在品牌高度上对用户体验的定义。正是这种理解上的偏差，从根本上造成了本土企业一直在模仿，却始终无法超越的现实。

用户体验与品牌的关系，是具象与抽象的关系。品牌作为形而上的思想存在，对于用户来说是存在一定距离的。而用户体验则是用户可以零距离接触到和感受到的，是真真切切的存在。因此，用户既可以通过对品牌概念的了解来认识用户体验，也可以经由用户体验的感受来提炼出对品牌的认知。不论是从品牌还是从用户体验入手，最终的结果都是一样的。用户体验，本质上就是品牌的载体，体现出品牌的内涵。从抽象的品牌到具象的用户体验之间的转化，正是设计所完成的工作，也是设计真正的意义所在。

对于本土企业来说，只有认识到用户体验和品牌之间的这种关系，才能够真正掌握用户体验，才能够真正在设计中落实用户体验，才能够真正在产品或服务中赋予意义，也才能够像苹果公司那样成为伟大的公司。

参考文献

[1]　托马斯·弗里斯曼著. 世界是平的[M]. 长沙：湖南科学技术出版社，2006.

[2]　罗伯特·布伦纳，斯图尔特·埃默里著. 至关重要的设计[M]. 北京：中国人民大学出版社，2012.

[3] 哈特穆特·艾斯林格著. 一线之间[M]. 北京：中国人民大学出版
     社，2012.

林敏

    博士，广州美术学院教授，硕士生导师，广东省工业设计创意与应用研究重点实验室副主任，IxDC交互设计专业委员会委员，前三星中国设计研究所用户体验创新部负责人。知名用户体验布道者与践行者，跨界计算机、心理学、产品设计和人机交互领域，在国际核心期刊和会议上发表十余篇学术论文。长期致力于推动用户体验在中国的发展，并经常获邀在国内行业大会及相关活动中做主题演讲或担任评委。在产品策略、体验创新、用户洞察及设计管理方面具有丰富经验，曾在中国移动、美的、科大讯飞、OPPO等企业担任用户体验顾问，也时常在技术、设计和财经杂志上分享对产品、设计、体验、创新等方面的见解。开有微信公众号「林老师的私塾」(FollowDrLin)，并发起ELITE计划培养。

基于体感测量的驾驶员座椅动态舒适性设计

梁佘意　肖　宁　熊志勇

内容摘要：汽车工业发展至今，各式汽车走进千家万户，座椅是汽车最主要人机交互界面。体压分布测试从客观角度展示了座椅设计的合理与缺陷，身体舒适度等级则从主观方面分析人对于舒适度等级的评价。本研究借助这两种方法，去采集座椅最直接展现舒适度的体压分布数据，挖掘提升舒适度的方向。在方案数模完成后采用有限元仿真进一步验证基于体感测量的设计方法的正确性。本文创新地将基于体感测量提升舒适度的方法引入座椅设计开发流程中，为企业缩短研发周期、节约成本、提升品质有极大帮助。

关键词：体压分布　舒适度评价方法　动态舒适性　有限元仿真

1　研究背景与意义

座椅是汽车部件中的重要组成部分，是驾驶者的直接接触，座椅的舒适与否直接关系到乘客以及道路安全。[1][2]座椅的舒适度主要是指座椅能否让驾驶者和乘客在车内具有良好的坐姿，保持良好的体压分布，确保驾驶者和乘客在车内感到舒适与自然[3][4]。汽车座椅的舒适性主要包括静态，动态，操作性三个方面。静态舒适性主要要求座椅体压分布与触感优良；动态舒适性主要在于驾驶过程中，减少振动对驾驶者的影响[5][6]；操作舒适性是指驾驶员对汽车驾驶操控的舒适性。对座椅舒适性的基本要求大致如下[7][8]：

（1）使驾驶者和乘客的疲劳程度降到最小程度；

（2）座椅可以承受较大的压力、可靠安全；

（3）外形大方美观，较好的热舒适性以及良好的触感；

（4）优良的人体测量学特征，适应不同体型身材的驾驶者和乘客。

从研究方法划分，主要有主观分析评价法以及客观分析评价法两种。主观分析评价法主要对人们的主观感受进行数据收集，并对不同程度的乘者的心理感受进行分级，进而确定舒适度的不同程度[9]。

2　体感测量的汽车驾驶员座椅舒适度实验

2.1　实验设计

论文中体压分布实验将分别对静态、动态两种情况下进行实验，实验旨在通过采集数据对A款座椅的体压分布情况有全面的了解，为下文分析其体压分布数据和主观舒适度的关联情况做数据准备。

实验地点：国内某日系合资车企试车跑道及厂外道路

实验时间：2014年11月

实验对象：某日系合资车企为新车型研发座椅主要参考的A款汽车的驾驶员座椅

实验人员：企业内员工13名，均有驾驶经验。

2.2　汽车驾驶员座椅概念草图

A款座椅概念设计项目的定位和参考的方向已经清晰，根据"科技感"、"有机"、"活力"等关键词，绘制了大量草图，最终选定图1所示的草图作为深入设计的方案。

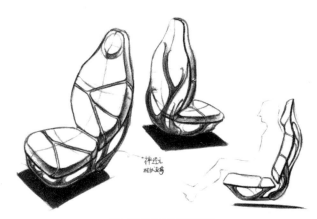

图1　选定进行深入的草图方案

2.3　舒适度数据收集与分析

对于A款座椅的主观舒适度调查对象分为两个群体，一为同时参与了体压分布数据采集的13位驾驶员；二为43位有过A款车型驾驶体验的驾驶员。其中为证明13位驾驶员的主观舒适度数据具有代表性，我们对两者进行均值的对比如表1所示：

13位驾驶员与43位有驾驶体验的驾驶员的主观问卷结果汇总　表1

	头部		颈部		肩部		中背	
	是否支撑	是否舒适	是否支撑	是否舒适	是否支撑	是否舒适	是否支撑	是否舒适
13人数据均值	3.012	3.231	3.538	3.131	3.034	3.143	2.301	2.154
43人数据均值	3.133	3.306	3.222	3.056	3.181	3.023	2.052	2.278
	腰部		臀部		大腿		小腿	
	是否支撑	是否舒适	是否支撑	是否舒适	是否支撑	是否舒适	是否支撑	是否舒适
13人数据均值	2.289	2.385	2.123	2.385	2.077	2.462	2.846	2.846
43人数据均值	2.019	2.259	2.259	2.296	2.167	2.259	2.981	2.907

由表1可以看出，13位参加体压分布测试的被试者数据的平均值与另外43位有过此款车型驾驶体验的驾驶员的主观数据均值对于舒适度量表而言，两者结果均在同一区间，两者数据具有一致性，下文中我们均使用13位被试人员的主观舒适度数据进行研究分析。

主观舒适度采用李克特5级量表，有支撑—无支撑之间5个等级赋值为1—5，"3"表示中立，由上表的各项均值可以看出56位被试人员：头部、颈部、肩部的均值都大于3，表示这三个部位都出现了不舒适、无支撑的情况。

2.4　驾驶员座椅体压分布数据处理与分析

从主观舒适度量表与客观体压分布数据来分析此款汽车座椅的舒适度和提出可供改进的方向。下面将分别对体压分布指标与主观感受之间的关系通过SPSS进行分析，显著性低于0.05时，身体主观舒适度的评价受体压分布数据影响较大。每位驾驶员的静态平均数值，如表2所示：

13位驾驶员测得静态体压分布数据　表2

序号	靠背静态				坐垫静态			
	接触面积	峰值压力	平均压力	平均压强	接触面积	峰值压力	平均压力	平均压强
1	410.84	40	21	0.051	981.60	221	70	0.072
2	658.27	71	32	0.049	981.17	154	66	0.067

续表

序号	靠背静态				坐垫静态			
	接触面积	峰值压力	平均压力	平均压强	接触面积	峰值压力	平均压力	平均压强
3	623.56	75	35	0.056	1244.36	179	74	0.059
4	643.25	76	39	0.061	1390.23	155	74	0.053
5	855.25	90	40	0.047	1384.21	199	90	0.065
6	409.36	42	22	0.054	980.98	221	71	0.072
7	643	76	39	0.061	1390.07	154	73	0.053
8	633.26	76	36	0.057	1245.36	180	75	0.06
9	850.26	89	38	0.045	1386.56	200	90	0.065
10	632.23	75	36	0.057	1244.59	180	74	0.0597
11	635.23	75	37	0.058	1239.36	179	75	0.060
12	660.36	71	35	0.048	980.36	155	67	0.067
13	1120.37	141	56	0.050	1349.36	170	72	0.053

2.4.1　座椅靠背静态影响因素

靠背静态峰值压力对上半身的影响　表3

	平方和	df	平均值平方	F	显著性
头部支撑	5.897	7	.842	.790	.626
头部舒适	6.474	7	.925	1.206	.433
颈部支撑	10.064	7	1.438	2.270	.192
颈部舒适	8.064	7	1.152	4.937	.049
肩部支撑	8.769	7	1.253	1.566	.321
肩部舒适	5.744	7	.821	3.077	.117
中背支撑	4.359	7	.623	2.335	.184
中背舒适	4.526	7	.647	1.021	.509
腰部支撑	2.103	7	.300	2.253	.194
腰部舒适	7.744	7	1.106	1.037	.502

靠背静态平均压力对上半身的影响　　　　表4

	平方和	df	平均值平方	F	显著性
头部支撑	10.231	9	1.137	3.410	.171
头部舒适	8.808	9	.979	1.957	.315
颈部支撑	12.231	9	1.359	4.077	.137
颈部舒适	7.731	9	.859	1.718	.358
肩部支撑	11.769	9	1.308	3.923	.44
肩部舒适	6.577	9	.731	4.385	.125
中背支撑	4.692	9	.521	1.564	.391
中背舒适	6.192	9	.688	1.376	.439
腰部支撑	2.769	9	.308	.	.
腰部舒适	10.577	9	1.175	1.410	.429

　　靠背体压分布静态峰值对上半身主观舒适度基本没有影响。靠背的静态平均压力对上半身的主观舒适度等级仅有腰部支撑一项有显著性影响。

靠背静态平均压强对上半身的影响　　　　表5

	平方和	df	平均值平方	F	显著性
头部支撑	11.231	12	.936	.	.
头部舒适	10.308	12	.859	.	.
颈部支撑	13.231	12	1.103	.	.
颈部舒适	9.231	12	.769	.	.
肩部支撑	12.769	12	1.064	.	.
肩部舒适	7.077	12	.590	.	.
中背支撑	5.692	12	.474	.	.
中背舒适	7.692	12	.641	.	.
腰部支撑	2.769	12	.231	.	.
腰部舒适	13.077	12	1.090	.	.

　　靠背的静态平均压强对上半身的主观舒适度等级各个因素均有显著影响，即上半身的舒适度与座椅靠背静态平均压强直接相关。靠背的静态平均接触面积对上半身的主观舒适度等级各个因素均有显著影响，即上半身的舒适度与座椅靠背静态的平均接触面积直接相关。

靠背静态平均接触面积对上半身的影响　　　　表6

	平方和	df	平均值平方	F	显著性
头部支撑	11.231	12	.936	.	.
头部舒适	10.308	12	.859	.	.
颈部支撑	13.231	12	1.103	.	.
颈部舒适	9.231	12	.769	.	.
肩部支撑	12.769	12	1.064	.	.
肩部舒适	7.077	12	.590	.	.
中背支撑	5.692	12	.474	.	.
中背舒适	7.692	12	.641	.	.
腰部支撑	2.769	12	.231	.	.
腰部舒适	13.077	12	1.090	.	.

2.4.2　座椅坐垫静态影响因素

座椅静态峰值压力对下半身的影响　　　　表7

	平方和	df	平均值平方	F	显著性
臀部支撑	3.500	7	.500	1.000	.519
臀部舒服	11.577	7	1.654	1.103	.474
大腿支撑	3.923	7	.560	.560	.765
大腿舒适	4.731	7	.676	1.352	.383
小腿支撑	3.192	7	.456	.182	.977
小腿舒适	7.192	7	1.027	1.142	.458

座椅静态平均压力对下半身的影响　　　　表8

	平方和	df	平均值平方	F	显著性
臀部支撑	2.333	7	.333	.455	.834
臀部舒服	8.910	7	1.273	.626	.724
大腿支撑	5.923	7	.846	1.410	.364
大腿舒适	2.564	7	.366	.392	.873
小腿支撑	6.526	7	.932	.508	.799
小腿舒适	3.192	7	.456	.268	.942

座椅静态峰值压力和平均压力对下半身的主观舒适度没有显著性影响。下半身的主观舒适度不受静态峰值压力和平均压力的影响。

座椅静态平均压强对下半身的影响　　　表9

	平方和	df	平均值平方	F	显著性
臀部支撑	6.000	12	.500	.	.
臀部舒服	19.077	12	1.590	.	.
大腿支撑	8.923	12	.744	.	.
大腿舒适	7.231	12	.603	.	.
小腿支撑	15.692	12	1.308	.	.
小腿舒适	11.692	12	.974	.	.

座椅坐垫的静态平均压强对下半身的主观舒适度等级各个因素均有显著影响，即下半身的舒适度与座椅坐垫静态平均压强直接相关。坐垫的静态平均接触面积对下半身的主观舒适度等级各个因素均有显著影响，即下半身的舒适度与座椅坐垫静态的平均接触面积直接相关。

座椅静态平均接触面积对下半身的影响　　　表10

	平方和	df	平均值平方	F	显著性
臀部支撑	6.000	12	.500	.	.
臀部舒服	19.077	12	1.590	.	.
大腿支撑	8.923	12	.744	.	.
大腿舒适	7.231	12	.603	.	.
小腿支撑	15.692	12	1.308	.	.
小腿舒适	11.692	12	.974	.	.

2.5　驾驶员座椅动态舒适度的影响与改良设计

设计实验的过程中，通过对动态数据进行分析，指导座椅的设计。

2.5.1　基于体感测量数据的汽车驾驶员座椅头枕及靠背设计

13位驾驶员起步情况下靠背部云图　　　表11

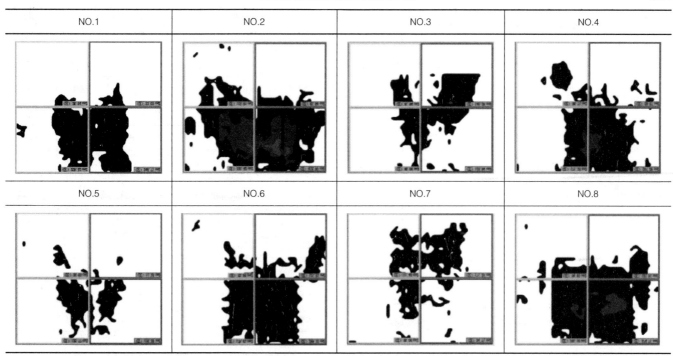

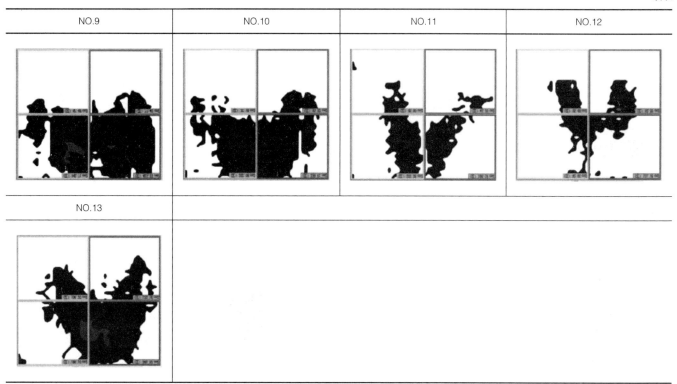

NO.9	NO.10	NO.11	NO.12

NO.13

由表11可知,此情况下靠背压力依旧较小,且仅有7号驾驶员肩部有受力情况,而7号驾驶员的腰部支撑程度低,可知7号驾驶员的特殊情况是由于驾驶姿势引起的。另外位驾驶员中,有7位驾驶员的受力点基本只在腰部,中背和肩胛骨的支撑几乎为零,另外5位驾驶员的中背和肩胛骨的支撑情况也不容乐观。因此,针对A款座椅提升舒适性首要任务为提升靠背肩部与人体的贴合程度。

13位驾驶员右转工况下靠背云图　　　　　　　　　　　　　表12

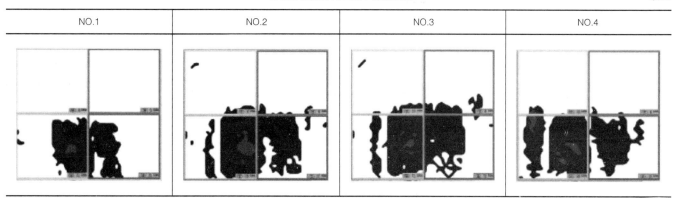

NO.1	NO.2	NO.3	NO.4

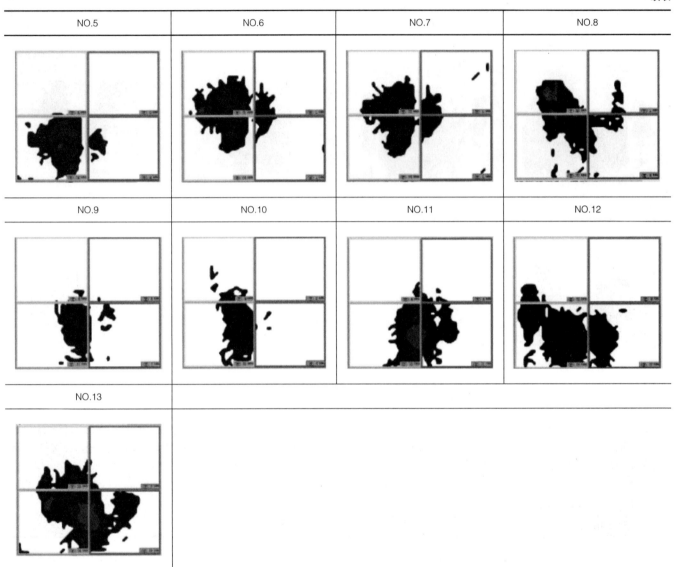

NO.5	NO.6	NO.7	NO.8
NO.9	NO.10	NO.11	NO.12
NO.13			

表12为右转工况下的压力分布云图，在右转时座椅腰部支撑应会对身体有阻挡和保护性的支撑，在图中应表现为有平缓的压力数据，而13位驾驶员中有9位未出现腰部侧面支撑有压力数据的情况。说明A款座椅的腰部支撑对人体保护性不强，包裹性欠缺，驾驶员在转向时身体偏移量较大，不利于驾驶姿势的稳定。

表11与表12中来自31位驾驶员的26份数据，表现了惊人的一致性——A款座椅靠背肩部支撑严重不足。因此在基于A款座椅的概念设计中，提升舒适度首先要提升靠背肩部对人体的支撑程度。且两表均

可看出腰部侧面支撑明显不足，靠背的接触面几乎只有腰部脊椎周围一小块区域，长期驾驶会使驾驶员感到腰部肌肉酸痛劳累。

2.5.2 基于体感测量数据的汽车驾驶员座椅坐垫设计

本节主要探讨各路况对于坐垫舒适度影响最大的：坏路、右转、掉头时13位驾驶员的压力分布数据，由于右转和掉头具有相似性，因此本节选取坏路和右转两种工况下的数据进行分析，辅助草图方案修正。

13位驾驶员坏路工况下坐垫力度中心点运动轨迹   表13

NO.1	NO.2	NO.3	NO.4
NO.5	**NO.6**	**NO.7**	**NO.8**
NO.9	**NO.10**	**NO.11**	**NO.12**
NO.13			

表13是选取坏路工况下13位驾驶员的体压分布数据的最后一帧，表中可以看出13位驾驶员坐垫部分下半身偏移幅度大，除4号驾驶员外均出现了坐垫侧面支撑偏前的情况，臀部发生较大位移，不利于驾驶员保持坐姿的相对稳定。8号驾驶员的体压分布数据体现基本与坐垫侧面支撑无接触，说明侧面支撑对于8号驾驶员而言并没有起到阻挡滑动的作用。

5~13位驾驶员右转工况下坐垫云图　　　　　　　　　　表14

NO.1	NO.2	NO.3	NO.4
NO.5	NO.6	NO.7	NO.8
NO.9	NO.10	NO.11	NO.12
NO.13			

表14为13位驾驶员在右转情况下的压力分布云图，其中7号、11号、13号驾驶员的体压分布数据中出现了局部压力集中，说明此状况下，身体偏移较大，且由于惯性导致压力集中。13位驾驶员中有3位驾驶员与坐垫侧面支撑接触面积少，有7位驾驶员出现坐垫侧面支撑阻挡部位偏前的现象。

3 基于体感测量的汽车驾驶员座椅概念设计

3.1 基于体感测量的汽车驾驶员座椅舒适度改善方法与草图修改

依据体感测量的座椅动静态舒适性来指导设计的方法，坐垫的造型也根据体压分布的数据做适当调整。此座椅根据体压分布测试需要重点改善的区域如表15所示：

基于体感测量的A款座椅可改善舒适度区域 表15

肩部支撑及头枕

| | 肩部是 A 款座椅设计中缺陷最大的部分，根据主观舒适度问卷可知，受测人员普遍认为座椅的肩部与头部不贴合；体压分布数据中，此款座椅的肩部和头枕在数据中极少被采集，此处设计与人体不贴合，故舒适度低，可重点设计提升 |

腰部侧面支撑

| | 从采集到的体压分布数据中，腰部虽对人体有支撑，但在靠近臀部的位置支撑小，且腰部侧面包裹性差，在坏路、掉头、右转等状况中人体上半身滑动大，不利于稳定驾驶姿势，对腰部的保护差，也是需要提升舒适度设计的重点区域 |

坐垫侧面支撑

| | 坐垫侧面支撑是稳定驾驶员坐姿的主要部分，体压分布数据中发现高点的位置略微偏前，对腿部的约束性大，对臀部的约束性较小。是可以通过造型变更提升舒适度的方向 |

因此，概念座椅的设计应在A款座椅坐垫扯面支撑原有位置上后

移，增强臀部的包裹性和提高驾驶员驾驶姿势的稳定性，使腿部自由度提高（图2）。

图2 草图修正后效果

3.2 基于体感测量的汽车驾驶员座椅设计方案效果图绘制

依据体感测量提升舒适度的方向修正草图方案后开始进行效果图的绘制，此过程将反复与工程确认可行性，及自检方案舒适性是否达到要求。

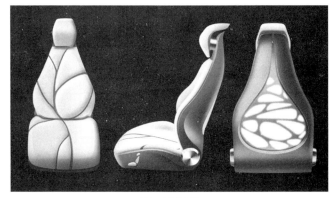

图3 座椅效果图

3.3 汽车驾驶员座椅设计模型的创建

由效果图开始制作座椅三视图，并对座椅骨架进行修改，着手进行油泥模型制作。

座椅油泥模型制作 表16

骨加处理	敷泡沫	薄敷油泥	油泥粗坯

续表

粗修型面	乘坐体验	修改模型	贴胶带
乘坐体验	精修表面	模型完成	扫描型面

扫描后的模型型面将作为数模制作的参考，随后制作数字模型及三维渲染图，如表17所示：

座椅数字模型及三维渲染 表17

座椅 A 面数据截图	座椅渲染效果图
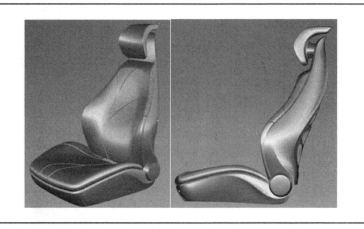	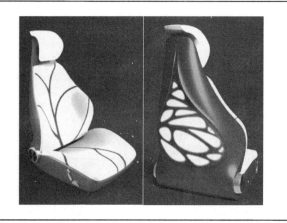

3.4　汽车驾驶员概念座椅样件制作

设计上采用了头枕多向调节的设计故头枕处样件制作过程采用了万向球头的做法，使头枕可以多向调节且便于拆卸。样件制作过程中为力求和效果图表现一致，需反复确认细节、颜色、工艺、材质过程如图4所示。

(a)　　　　　　　(b)　　　　　　　(c)　　　　　　　(d)

图4　座椅样件制作过程

4　汽车驾驶员概念座椅设计的验证与方法评价

利用有限元方法对基于体感测量方法完成设计的概念座椅进行了体压分布情况的仿真模拟。

图5（a）为有限元仿真得出的概念座椅体压分布云图，图5（b）为A款座椅的体压分布云图。从云图上可看出概念座椅的体压分布更加接近理想的体压分布要求。

出两款座椅坐垫部分压强分布曲线走势基本相同，最大压力都集中在坐骨结节处，概念坐垫部分压强在坐骨结节处集中后，能较均匀地向周围逐渐减小，A款坐垫则在大腿外侧形成了局部的压力集中。两者比较起来，基于体感测量进行设计的概念座椅在坐垫体压分布方面更加接近理想的体压分布。

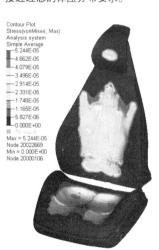 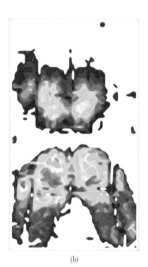

(a)　　　　　　　(b)

图5　概念座椅与A款座椅体压分布对比

分别绘制出位于冠状平面且经过坐骨节点下方的平面内的坐垫纵向压强分布曲线和横向压强分布曲线如图6～图9。从曲线图对比可看

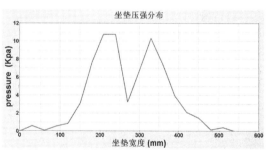

图6　概念座椅坐垫宽度方向压强分布曲线

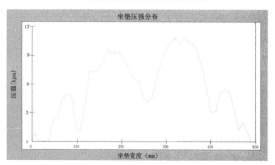

图7　A款座椅坐垫宽度方向压强分布曲

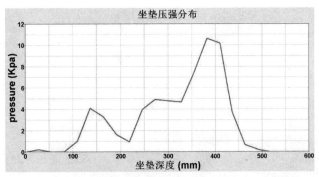

图8　概念座椅坐垫深度方向压强分布曲线

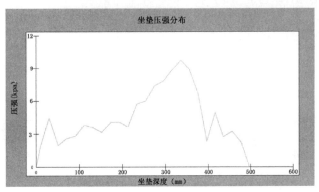

图9　A款座椅坐垫深度方向压强分布曲线

绘制出两款座椅靠背压强分布曲线如图10～图13。从曲线可看出概念座椅的肩胛骨后部和腰部两处对人体都起到了很好的支撑；而A款座椅靠背未能对人体的肩胛骨进行很好地支撑，长期驾驶时易产生疲劳感。基于体感测量方法设计的概念座椅对A款座椅靠背部分的体压分布完成了很大的改善。

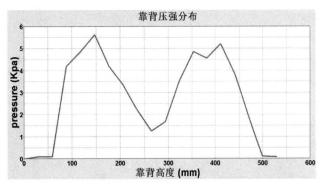

图10　概念座椅靠背高度方向压强分布曲线

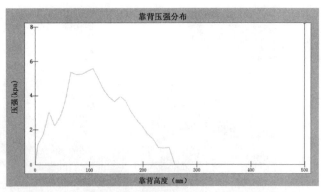

图11　A款座椅靠背高度方向压强分布曲线

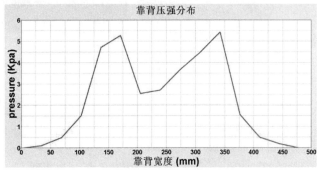

图12　概念座椅靠背宽度方向压强分布曲线

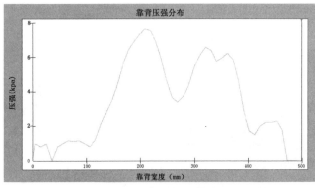

图13　A款座椅靠背宽度方向压强分布曲线

总体上来说，基于体感测量而设计的概念座椅在体压分布方面比原A款座椅更加接近理想体压分布，充分说明了基于体感测量的座椅设计方法的正确可行性。

5　结论

本文从座椅的动静态体压分布数据和主观舒适度入手，对座椅进行改良设计并通过有限元仿真的方式证明了设计流程的正确性和研究成果的正确性。

参考文献

[1] Amick III B C, Robertson M M, DeRango K, et al. [J]. Spine, 2003, (24): 2706-2711.

[2] Liao M H, Drury C G. [J]. Ergonomics, 2000, 43 (3): 345-359.

[3] Makhsous M, Lin F, Hendrix R W, et al. [J]. Spine, 2003, 28(11): 1113-1121.

[4] VosG A, CongletonJ J, Steven Moore J, et al. [J]. Applied Ergonomics, 2006, 37 (5): 619-628.

[5] Ragan R, Kernozek T W, Bidar M, et al. [J]. Archives of physical medicine and rehabilitation, 2002, 83 (6): 872-875.

[6] Porter J M, Gyi D E, Tait H A. [J]. Applied Ergonomics, 2003, 34 (3): 207-214.

[7] Apatsidis D P, Solomonidis S E, Michael S M. [J]. Archives of physical medicine and rehabilitation, 2002, 83 (8): 1151-1156.

[8] Aissaoui R, Lacoste M, DansereauJ.[J]. Neural Systems and Rehabilitation Engineering, IEEE Transactions on, 2001, 9 (2): 215-224.

[9] REED M P, SAITO M, KAKISHIMA Y, et al.[J]. SAE transactions, 1991, 100 (6): 130-159.

梁余意
硕士,2016毕业于华南理工大学。曾实习于广汽丰田汽车股份有限公司,负责《基于体感测量的汽车驾驶员动态舒适性概念设计研究》项目,对汽车座椅的设计开发经验丰富。现任职于深圳光启高等理工研究院,工业设计师。

肖宁
高级工业设计师、广汽丰田汽车有限公司副总经理

熊志勇
华南理工大学设计学院副教授、硕士生导师

立柱式自助值机终端的设计研究

梁　永　周宁昌　高　婷

内容摘要： 目的，为了提高自助值机的服务质量和增加其品牌文化，方法，通过对产品、企业、用户、环境四个方面的进行调研分析，针对性地提出自助值机终端的设计原则和设计关键点。结论，在此基础上，融入相关元素进行创新性地立柱式自助值机终端产品设计开发，也为该方面的研究提供了新的思路。

关键字： 品牌文化　立柱式　自助值机　设计

近年来，我国民航业快速发展，乘坐飞机出行的旅客日益增多。庞大的航空运输市场一方面吸引了各大航空公司的竞争，另一方面机场将面临客流量不断攀升的压力并对旅客的运输效率提出了更高的要求[1]。全流程自助服务将会改善旅客的机场服务体验，满足日益增长的自助服务需求，为旅客从预订至到达提供全方位的自助服务。但目前市面上的自助值机终端欠缺差异性，不具有亲和力并且现代感缺乏[2]。其次，随着民航对自身品牌意识的提升，自助值机终端有望凸显人文关怀并体现品牌形象。

1　设计调研分析

1.1　产品特征和需求

自助值机终端系统全部由旅客自我操控完成，真正实现全自助服务。其构成包括行李检测与托盘检测、防入侵检测、传输控制、人机交互、通信系统、人工/自助切换、设备监控及管理等设备。另外，还有可加装超重付费、自助改转签、自助打印行程单等功能[3]。

目前，国内的值机种类大体有传统柜台值机、电子客票自助值机、酒店值机、境外联程值机、网上值机等几种。图1中ATM造型风格的坐标分布图显示，各种不同品牌的ATM造型千篇一律，趋向传统和方正造型，冰冷呆板，没有创新感，缺乏品牌文化形象，跟环境不搭。而趋向于圆润、大胆时尚和潮流的ATM占有比率很少。

自助值机服务应该考虑以下几点：①了解乘客的使用情况，尽量满足乘客的使用需求；②符合乘客的使用习惯，考虑人机功效问题；③产品应具有设计感，给人带来感官上的享受；④产品需融合公司品牌文化，具有企业文化特点并区别于同类产品。

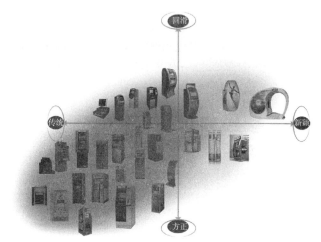

图1　ATM造型风格的坐标分布图

1.2　企业文化特征和需求

项目针对中国南方航空股份有限公司的特有品牌文化，与一般航空公司的文化进行比较分析，得出产品设计的需求要点。

（1）航空文化

航空文化有着丰富的内容，较为突出的是乘务员的形象和无微不至的服务，还有严谨的工作态度[4]。航空企业主要以服务客户和满足顾客为标尺，而乘务员作为航空形象最具代表的角色将成为赢得顾客的关键（图2）。

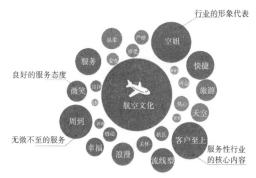

图2　一般航空公司的文化

（2）品牌文化

中国南方航空股份有限公司是中国运输飞机最多、航线网络最发达、年客运量最大的公司，坚持"以人为本"的管理理念，以"南航人、客户至上、安全、诚信、行动、和谐"为核心价值观。从图3中也可知南航核心文化是"以人为本"，为乘客提供专业的航空服务并秉承"高质量"、"沟通"、"客户至上"的企业精神。

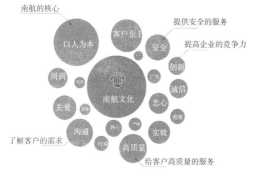

图3　南航文化

产品是沟通企业和用户的纽带，好的产品将与用户产生有效地沟通，满足用户的真正需求，其愉快的体验将成为企业赢得用户的关键。通过分析南航的企业文化和品牌内涵，将其作为设计元素转化创新后融入产品设计中，体现宾至如归的"以人为本"的理念。而对于产品质量，应追求高品质并为顾客带去旅途的愉悦。

1.3　用户特征和需求

不同行业、不同身份需要不同的服务，航空需要尽量满足不同的乘客的需求，让他们有个愉快的旅程。而大多数出现在机场的人群是机场工作人员和商务人员，多数情况下是由自助完成操作或服务人员协助使用自助值机。调研分析后，如图4，使用自助值机终端的集中在官商人士、教学行业、文化娱乐圈与南航服务人员，针对各人群的特点，总结出自助值机终端用户分析表（表1），其各用户需求将为设计案例服务（图5）。

图4　人群特征

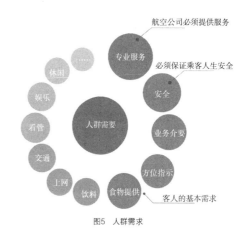

图5　人群需要

自助值机终端用户分析表　表1

人群	特征
商务人士	生活和工作压力大，对轻松的环境有极高的向往。对物质的诉求相对理性，时尚但不盲目。通常事业上享有一定成就，有着丰富的阅历并追求高品质的生活方式和精致的服务
文化娱乐圈	追逐潮流紧跟时尚，流行与时髦是评判一切事物的标准，走在时尚的尖端，对产品的要求很高，喜欢艺术
教学行业	高学历，对事物有独特的理解，有自己的想法，对生活有要求，有时尚触觉，喜欢有内涵、有文化的产品。

1.4　环境特征和需求

值机是民航的一种工种，自助值机系统大多由航空公司提供，通常在机场这种大众场所使用并放置在比较方便显眼的区域。随着航空服务电子化程度的不断提升，越来越信息化，许多公共场所也不断地仿效，在各个领域都有广泛的使用，实现顾客至上，轻松享受快捷的旅程[5]。如酒店已经开始陆续推出类似"城市候机厅"的对客值机增值系列服务，也逐步施行以"空中飞人"的乘机模式。诸如公园、火车站、银行等地也出现了自助值机系统（图6），乘客可以像银行自动取款机一样轻松、快捷、方便地使用自助值机，办理行李托运、机位预定、登机牌打印、体验查询、订票、登机，享受一站式的体验。

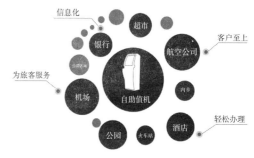

图6　自助值机使用的环境

2　立柱式自助值机终端设计原则和关键点

2.1　设计原则

自助值机与传统机场人工柜台值机不同，是一种全新的办理乘机相关手续的方式。旅客使用自助值机方式，可以在自助值机设备获取全部乘机信息，并根据操作提示和客舱座位图选择座位、确认信息并打印登机牌，无须在机场值机柜台排队等候办理打印登机牌、分配座位[6]。产品不仅需要满足基本功能符合人机功效，更需要注重用户体验，为不同行业、不同身份的乘客提供专业的航空服务。同时，产品的风格需与周围环境相协调，整体造型要满足时尚潮流的趋势，同时融入企业文化和品牌理念。

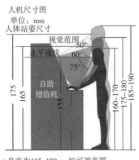

图7　使用行为　　　　　　图8　人机尺寸

2.2　设计关键点

在传统的自助值机终端基础上，力求通过良好的人机交互来提高值机效率，关键点侧重于产品的文化内涵表现和深层次塑造。以产品为载体，灌注人文关怀，着力点放在温暖的用户体验，使得乘客通过产品从主观上或客观上的认知到南航的企业文化。把乘客的心理需求、出行的便捷性、南航的企业文化等通过设计手段打造宾至如归的航空服务理念。

1.　突出品牌文化

"品牌文化"是企业以赢得用户市场为目的，运用综合的文化内涵融汇到企业品牌及其产品中形成的品牌精神与形象，再通过各种渠道传播品牌的理念与信息，获得消费者的认可和信赖，构成拉动品牌推广与企业发展的驱动力[7]。南航通过产品设计，完善使用功能和满足用户需求，同时也依托自助值机终端培养自己的消费群体。将南航"以人为本"、"高质量"、"沟通"等企业文化融入设计中。这也是解决目前市场自助值机终端同质化的重要渠道，成为提高南航品牌竞争力的有效途径。

2.　体现以人为本

"以人为本"作为南航企业文化的核心。在企业自助值机终端的设计中，应对其品牌理念进行开发，营造产品的特色形象。乘客可以通过网络、手机、电话、机场自助值机设备来获得所需信息，并且自行操作整个过程，减少与航空公司地面代理人员的接触，最大化掌控自己的旅程，享受自助服务的方便、快捷，从而达到"以人为本"的企业理念，使产品更加容易得到客户认可，并作为企业文化的推广方式，来提高消费群体的忠诚度。

3.　强调境由心生

根据自助值机环境的分析，可知目前的自助值机终端均被放置在公共场所，这就将产生空间环境对心理的活动，机场具有敞亮、舒适、快捷和可识别性的特点[8]。在设计中，了解用户的心理需求来进行合理设计，从而实现人们对空间环境的满足。在开放的空间中，人们需要实施良性的互动，但也要形成一定的私人封闭空间，使乘客舒服地体验到自助值机的愉悦感和亲切感。这是对于公共空间来说的基本要求，也是产品环境设计的一个重点。

3　立柱式自助值机终端设计实例

3.1　设计定位

通过头脑风暴，联想到了广州、笑容、天空与留学等与南航相关的词语。通过对用户、关键词、南航文化整合后，了解到乘务员是航空文化中柔和形象的代表，同时为人们提供专业的航空服务，以乘务员鞠躬姿态作为设计灵感，提取了曲线形象作为自主值机的造型元素来传达亲切感（图9）。整体确定了简约明朗、商务时尚的风格，赋予南航VI品牌形象，操作部分需保留顾客隐私空间，提供适合乘客操作的人性化屏幕倾斜角度，为顾客提供良好的体验。

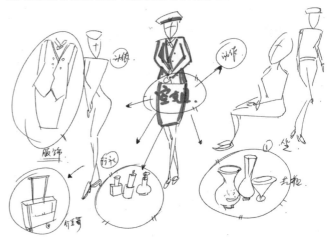

图9　"空姐"形象开发草图

"专业服务，以人为本，客户至上"为设计定位的核心，通过相关产品对比和分析潮流时尚趋势，总结出"亲和温馨、科技现代、简约商务、艺术符号化、形象文化、情景联想"（图10）设计关键词和产品调性，从而确定了设计后期"柔和造型、优雅、活力、速度感、女性化、

清新、亲和感、现代感、科技、时尚、简洁、服务、谦卑、亲切、温柔、实践"的设计方向。产品外形造型以圆润为主，突出数字感和信息化，为乘客带来视觉冲击力。需注意操控面板的互动设计，指示偏向清晰明朗，整个产品与环境相呼应，符合南航的气质和企业宗旨。

图10　设计关键词和产品调性

3.2　产品方案

通过草图进一步表现初步确定的设计理念和设计方向，以2D、3D的表现形式清晰地梳理出设计思路，筛选表现产品的最优方式和进一步深化设计方案研究。定案后，再次进行方案表达与设计跟进，确定功能、材质、色彩等细节要素，最终实现完美的产品展示（图11~图13）。

图11　设计草图初稿

图12　设计草图修改稿

图13　最终确定方案（三视图+透视图）

1.　设计说明

乘务员的仿生造型，曲线优美动感，造型基于几何形状的合理结合，圆润不失硬朗，简洁、端庄。简约与流线型的外观给人一种舒服的感觉。从乘务员微笑鞠躬的优雅姿态中获得灵感，提炼曲线，简化成符号，融入设计之中。体现了南方航空公司顾客至上的服务宗旨。设计中各功能模块整合统一，机身与显示屏一体式让消费者更清晰地看到信息并方便操作；前倾造型增强人机交互，提供良好的心理暗示；采用红白配色，与空姐服饰相呼应；预留可拓展空间，便于升级。本自助乘机柜台，形象简约表明了中国南方航空的乘务员面带微笑微微向乘客鞠躬敬礼的服务（图14）。

2.　产品结构

产品结构以人体功效为基本尺寸，整体立柱式的设计，占地面积少便于多种形式组合排列后安放在机场的任何空间，符合与顾客互动交流要求。通过上方视野水平的视角设置了登机信息屏，符合人们的观看习惯。下面的操作区以手操作的高度为基准，拥有15° LCD适当的倾斜屏幕，增加了使用的舒适性，宽视野的操作屏幕提供了登机牌打印、电子

便捷的前开盖维护方式。产品符合CUSS、中国安全防范系统验收规则等标准规范人机工程行为学标准，有友好性和应用性。

Convenient way of the front cap opening and protecting. The product meets the CUSS, China Security and Protection System and acceptance rules and standards of man-machine engineering praxeology, being friendly and applied.

拥有15"LCD触屏，登机牌打印、电子票、行李票打印，支持银行卡、护照识别、二维条码识别、指纹识别、身份证识别，全方位为您快速轻松登机护航。

Having a 15"LCD touch screen, boarding passes print, e-ticket, baggage check print, support for the bank cards, passport identification, two-dimensional code recognition, fingerprint recognition, identity recognition, full direction for the quick and easy check-in.

优美的形态，主动、热情，呈现出南航人以人为本的企业理念，在机场，已经同空姐一样，成为一道靓丽的风景线。

Beautiful shape, initiative, enthusiasm, is showing Southern Airline people the business philosophy of people-oriented. At the airport, it has been the same with airline stewardess, becoming a beautiful landscape.

图14　中南方航空立柱式自助值机终端产品展示

票、行李票打印、银行卡、护照识别、二维码扫面、指纹识别、身份证识别的全方位功能板块，周围的大面积空白区域为后期增加升级服务板块提供了空间。针对机场公共空间，以金属边框设定了私人领域，为客户提供了一个安全的取票空间。为提高使用率达到方便的自助效率，整体造型结构以简约爽朗为主。内部结构采用前开盖维护方式，符合CUSS人机工程行为学标准规范，具有友好性和适用性（图15）。

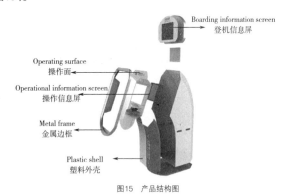

图15　产品结构图

3. 产品色彩

产品色彩上考虑了时尚和潮流，借助材质本身的冷暖色度运用到设计中。整体色系简洁清晰，流畅而不失设计感。以金属材质和色彩为主题，具有民航企业的快捷高效的特性，倍感信息感和科技感。与人接触

的操作屏区域采用白色塑料材质，亲切与温暖的体感让客户感受到了人文关怀。这也正是南航"以人为本"的企业文化核心的体现（图16）。

南航自助值机配色说明

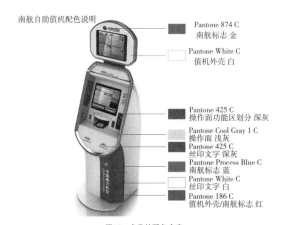

图16　产品的配色方案

3.3　产品创新点

该款为南方航空股份有限公司设计的立柱式自助取款机，本身具有可以自助办理登机牌、购票、打印行李单等功能的设备之外，还支持多种确定方式，体现了操控界面的整体性和服务性形象，从乘务员微笑鞠躬的优雅姿态中获得灵感，提取曲线，简化成符号，融入设计之中，为顾客提供了最舒适的服务细节，传达出南方航空公司顾客至

上的服务宗旨。其次彰显了环保型特征，作品采用空闲待机低耗技术，尽量减少电能损耗，产品操作界面预留可拓展空间，升级性强，减慢了产品更新换代速度，从而产生较少的碳足迹。产品经过生产已投放市场使用，经过了市场和顾客的考验，为设计方案的可实施性提供了有利的证据。

4 结论

通过对产品、企业、用户、环境的特征和需求分析，得出立柱式自助值机终端设计的关键点是传达"以人为本，主动服务"的理念。针对南航的立足立柱式自助值机终端设计案例，创新性地提出企业文化与产品的结合要素，整合产品、客户、企业三方面设计信息，依托产品的设计进行转化与理念表达，可为今后该方面的研究提供了参考价值。

参考文献

[1] 赵思雪. 自助服务发展的机遇与挑战[J]. 空运商务，2013，09：51-52.

[2] 张怡. 我国自助服务发展面临的机遇与挑战[J]. 空运商务，2013，11：55-57.

[3] 陈成. 机场自助行李托运系统的应用探讨[J]. 科技展望，2015，17：108-109.

[4] 韩建昌，秦燕. 通用航空文化的精神特征及其社会价值[J]. 西北工业大学学报(社会科学版)，2014，03：70-74.

[5] 吴清扬. 离港旅客行李自助服务系统的设计与实现[D]. 中山大学，2013：12

[6] 夏倩倩. 机场值机柜台分配仿真与优化[D]. 南京航空航天大学，2009.

[7] 孙文涛，魏雅莉. 产品设计中的品牌文化营销研究[J]. 中国商贸，2014，26：28-29.

[8] 储艳洁，任磊，吴强. 境由心生——人的心理与办公建筑公共空间的关系[J]. 艺术与设计(理论)，2012，05：83-85.

梁永

1976年出生于广东廉江；2002年毕业于广东轻工职业技术学院产品造型设计专业；2004年创立广州易用设计有限公司；2013年成立易用设计（郑州）有限公司；2014年成立易用设计（广西）有限公司；2015年成立易用设计（广东阳江）有限公司。

易用设计（广州、郑州、广西、阳江）公司创始人、个人及团队设计作品获国内外奖项数达50项以上、广东省工业设计师职称评定专家（国家试点）、广东省"省长杯"工业设计大赛及优良工业设计奖评委、华人设计大赛专家评委、国家高级工业设计师职业资格认证、ICAD国际商业美术设计师资格认证、广东省十佳优秀工业设计师、广州市政府工业设计专家库成员等。

周宁昌

设计学硕士，2006年毕业于北京理工大学，是华南农业大学青年骨干教师培养对象，第八批广东省"千百十"人才工程校级培养对象，广东工业设计创新服务联盟副秘书长和广州工业设计促进会副秘书长。主持和主要参与省部级科研项目各1项，主持和参与横向科研项目1批，参与纵向科研项目若干；指导学生参加各种设计竞赛，获得金、银、铜和优秀等奖项1批；发表论文18篇，其中ISTP收录1篇；参编书籍2部；获得发明专利和实用新型专利各1项。多次参与国内重要的工业设计学术活动与行业活动的组织工作，对国内外工业设计行业发展有深刻的认识，积极致力于工业设计学术研究、专业镇工业设计创新支援服务和产学研协同创新等工作。

高婷

南京林业大学家具与工业设计学院硕士研究生，主攻设计历史与理论、用户研究与体验设计，在中文核心期刊与论文集上发布论文数篇。

基于用户研究的女性花茶壶创新策略

盛传新　赵　璧

内容摘要：国内女性花茶壶产品的创新较少从用户研究的角度去设计，基于用户研究的女性花茶壶创新策略为探索该问题进行了一次尝试。运用以用户为中心的设计方法，采用用户评价分析、用户访谈、用户体验历程图、用户画像和情景设计等用户研究的典型流程与方法，获取用户行为特性、认知心理和知觉特征。根据用户研究结果提炼出实用需求与易用性、质感需求与感官系等女性花茶壶产品创新策略。

关键词：用户研究　女性花茶壶　用户画像　创新策略

　　饮用花茶作为一种健康消费行为受到女性群体的青睐，而花茶壶产品近几年在国内市场持续热卖，对于良莠不齐和过度设计的花茶壶产品，本文从用户研究的角度探寻女性花茶壶创新策略，重点在于前期用户研究的过程及后期结论的分析，提炼出产品研发的相关原则及设计需求点，从而得出花茶壶产品线规划及创新策略。

1　用户研究与女性花茶壶产品

　　"用户研究"（User Research，简称UR），国际上统称为"以用户为中心的经验撷取和生活研究"。用户研究是"以用户为中心的设计"的设计方法论在设计研究中的具体应用。过去设计从以技术为中心的背景，逐渐转移为以人和社会需求为中心，运用"以用户为中心的设计"在于帮助设计师或企业找到用户的真实需求。

　　女性花茶壶是消费需求升级下电热水壶旗下的细分领域产品，由壶身和底座两部分主要结构组成，其中壶身分为玻璃壶身主体、壶盖、壶嘴、发热盒和把手，底座分为操作面板和底壳。女性花茶壶对比市场上普通电热水壶而言，采用环绕360度加热技术，使水分子完全分解，热量能渗透食材内部，将营养最大化摄取，且具备泡、焖、煮、炖等丰富的功能。另一个主要特征在于：女性花茶壶主体材料为高硼硅玻璃，避免普通不锈钢电热水壶含有重金属元素对人体造成的危害。鉴于女性花茶壶在小家电领域的细分性，消费群体的特殊性，以及消费者在购买、体验、使用和评价过程中产生不可量化的行为因素，因此设计师需运用用户研究的方法得出花茶壶产品的创新策略，从而开展正确的设计。

2　女性花茶壶用户研究与需求分析

2.1　项目背景研究

1. 行业现状分析

　　在设计前期阶段，设计组成员通过搜集网络公开数据、咨询访谈行业人士、查阅第三方咨询机构的相关报告，输出国内花茶壶行业总体发展历程。近五年花茶壶产品受到大量20岁以上女性群体的欢迎，主要产地主要集中在广东佛山、中山和潮汕地区，据不完全统计珠三角共有花茶壶生产企业近700家。广东品牌天际最早提出养生电器的理念，旗下花茶壶也被称为养生宝，而其他品牌沿用该理念取名养生壶，但养生的概念几乎被所有竞争对手运用，缺乏概念新意和差异性。

2. SWOT法渠道研究

　　运用SWOT法分别从产品的优势、劣势、机会和威胁去进行参数对比。首先通过列举市场上20家竞争品牌产品线，从中筛选具有代表性的竞争品牌，主要有韩国现代家电、SKG、荣事达、小熊和北鼎。然后在低端产品线、中端产品线和高端产品线中确定竞争单品和主打热销品，从消费群体、品牌定位、专利技术、功能用途、销售渠道、价格及质量等方面去进行渠道分析，如图1所示。

A.电热技术成熟而稳定
B.使用材料环保健康因而认可度高
C.消费群
D.传统KA渠道和电商渠道已形成

A.廉价低品质产品扰乱市场
B.产品处于普通电热水壶及炖盅的中间层
C.传统制造商不愿意接受工艺材料的革新
D.打造品牌存在一定风险性

A.珠三角花茶壶厂家众多
B.大量低价产品导致市场竞争激烈
C.新的专利技术的运用
D.更细分的茶壶产品不断涌现

A.消费群体数量逐年增加
B.由于技术门槛低，市场上产品质量良莠不齐
C.花茶壶适合做高端健康小家电礼品
D.市场上缺少符合女性消费的花茶壶品牌

图1　花茶壶市场SWOT渠道分析

3. 用户参与样机诊断

　　设计团队受企业委托对一款花茶壶产品进行改良设计，邀请行业专家、企业工程师和用户对样机进行诊断，具体如图2所示，用户参与样机诊断的优势在于：从用户的角度能发现大量设计人员容易忽视的实际问题，这些普遍存在的问题通常能转化为设计的机遇点。经分析

统计目前样机产品存在下列问题：造型易联想厨房用品、整体色彩不协调、操作面板平庸、壶盖开合声音易联想普通烧水壶、1.2L装水后太重，需双手操作、把手不符合人机、底座不稳，操作时易侧翻移位、倒水口指示不明确。上述单个样机产品存在的问题基本囊括花茶壶产品的弊端，对于接下来制定产品创新策略起到参考和启示作用。

图2　设计团队与用户共同进行样机诊断

2.2　用户调研与生活形态洞察

设计组成员利用一周的时间从淘宝网中搜索花茶壶销量第一的产品，月销量为18399件，从880条用户评论中提取140个关键词进行用户评论分析，其中煮花茶、煲汤、糖水、煮粥和煮水等功能用途出现的频率较高，办公室、家里和宿舍等使用场合出现的频率较高，具体如图3所示。接下来运用2周的时间，通过摄像和摄影等辅助手法观察用户在办公室和居家环境中使用花茶壶的动作行为，对女性的生活、工作、操作方式、行为习惯和爱好等生活形态进行细致观察和记录，重点在于分析人与花茶壶的交互方式、影响这种交互的因素以及发现问题的切入点。

运用1个月的时间通过发布招募计划，进行20份有效定性用户访谈，以1人主持采访，1~2人采用书面记录、录音、拍照、录制视频等手段辅助记录。通过合理设置10~20道访谈提纲问题，配合访谈主持客观提问，设置10~20道访谈提纲问题，包含访谈用户基本信息，通过选择题、开放性问题及模拟操作全方位获取用户认知习惯。

2016年9月8日 淘宝搜索"花茶壶"销量第一18399件　→　从880条用户评论提取140个关键词　→　用途（词频出现次数）　→　场合（词频出现次数）

图3　花茶壶热销单品、用户评论、用途频率及场合频率调研

2.3　产品需求定义

通过用户体验历程图发掘用户需求点，也就是设计机会点。将花

茶壶产品使用过程分解为三个具体部分："使用前"、"使用中"和"使用后"。"使用前"包括认知、理解、尝试、比较、购买；"使用中"包括安装、设置、使用和维护；"使用后"包括分享、邀请试用、连带购买和回流。运用坐标和抛物线的方式连贯产品使用过程，其中横轴代表产品体验过程，纵轴代表产品体验分值，产品体验过程中的每一个操作行为和反馈有一个相应的正分或负分的体验分值。体验分值最高的操作动作代表产品体验感最佳，处于抛物线的波峰位置。与之相应，体验分值最低的操作动作代表产品体验感极差，处于抛物线的波谷位置，如图4所示。设计组成员将处于波谷位置的操作行为和反馈进行整理，所得出的问题形成设计机会点。如花茶壶产品在"使用中"体验过程中，清洗花茶壶时玻璃壶嘴容易撞击不锈钢水槽而引起破裂，该项体验分值最低，因此也是设计师急需解决的机会问题点。通过上述方法共找到若干具体需求点，分别为：对比同类产品缺少差异性符号、把手使用费力、隔热性差而容易烫伤手部、不易于清洁维护、操作面板较为复杂和产品受周围使用环境影响，将以上具体需求点进行概括可总结为5个方面：特性需求、人机需求、材质需求、功能需求和情景需求。

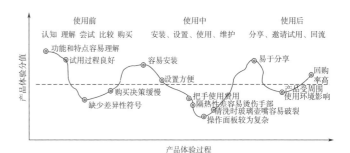

图4　用户体验历程图

2.4　创建用户画像

调研成员共同整理20份有效的用户透视图，综合访谈样本中典型用户共同点整合出若干目标用户画像。根据用户对花茶壶的使用频率和依赖程度，可将用户分为3个类型，分别是初次接触型用户、品质型用户和终极粉丝用户。通过对品质型用户画像的构建，从人物关系和活动区域图中分析其典型生活特征，确定了驱动用户行为的动机需求，从这些动机需求中提炼品质型花茶壶产品的用户需求，进而定义品质型花茶壶产品框架，如图5所示。

2.5　使用情境设计

情景设计的目的在于将单一产品设计转化为使用环境和服务设计，为用户构建更好的服务体验，主要通过构建用户画像的日常生活

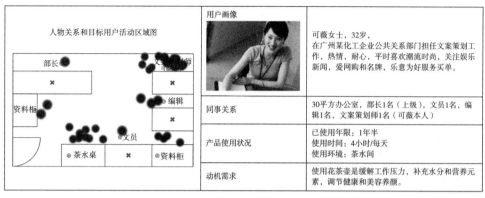

	用户画像		
人物关系和目标用户活动区域图		可薇女士，32岁，在广州某化工企业公共关系部门担任文案策划工作，热情、耐心，平时喜欢潮流时尚，关注娱乐新闻，爱网购和名牌，乐意为好服务买单。	
	同事关系	30平方办公室，部长1名（上级），文员1名，编辑1名，文案策划师1名（可薇本人）	
	产品使用状况	已使用年限：1年半 使用时间：4小时/每天 使用环境：茶水间	
	动机需求	使用花茶壶是缓解工作压力，补充水分和营养元素，调节健康和美容养颜。	

图5　品质型用户画像构建

行为场景，分析这些场景并从中提取用户画像的需求指导于原型设计中。针对用户画像以及其日常生活所反映的期望和目标，设计出三种具有代表性的使用情景。

使用情景1：婚纱馆——甜蜜印象。在婚纱店的休息包间模拟出新婚佳人品尝花茶的场景，在花茶壶产品中巧妙的增加LED暖色灯光设计，让灯光透过沸腾的热水产生别具一番的情趣和气氛，产品配色紧密围绕空间色彩布置，多运用金色或紫色，营造幸福感和喜悦感。

使用情景2：办公室——素色生香。在理性和高节奏的都市生活中寻找曼妙多姿的知性美，产品色彩上采用大面积的素色和局部金色搭配，让产品在办公室中显得不违和与不冲突，真正让用户激动心弦之处在于功能性的细节、有用的结构以及花茶烹饪过程中产生的绵绵不断香味。

使用情景3：家——静谧花园。从厨房台面、客厅茶几和自家阳台，构建一条花茶壶的使用线路图，最后落脚于阳台的休憩桌上，在工作日夕阳斜下的旁晚和周末阳光清澈的早上，煮满花茶的壶身可经过丰富的纹样处理，融合阳台的自然绿色植物，打造出城市小资生活气息。

3　女性花茶壶创新策略及设计原则

设计人员应该从使用用户研究的角度看问题，掌握用户研究的方法及加强用研能力，将用户研究的结果转化为价值，通过将需求定义、用户画像得出的产品框架定义与使用情境设计进行综合比较分析，制定出女性花茶壶产品创新策略及设计原则。

3.1　实用需求与易用性

从人机交互的角度出发，对女性的泡、焖、煮、炖等操作习惯和手部抓、握、放、取、拿、倾、倒等受力动作进行数据分析比较。根据调研输出结果，（1）对壶身容量进行重新定义，传统花茶壶的1.5L容量对于多数女性来说造成困扰，经过对多名目标用户进行不同容量花茶

装水后的抓握测试，在平衡功能的前提下1.2L容量对于95%的女性能够轻易操作；（2）花茶壶的把手直接照搬普通电热水壶的把手，缺少对女性手部进行百分位数据调查，而且均采用单一的下壳和上盖的分模结构，下壳起到加强固定作用。上壳作为外盖装饰使用，主要目的为了隐藏螺钉；（3）防烫问题是设计人员须解决的要点，可采用硅胶、塑料和全透明PC进行不同结构处理的全包围或者半包围隔热，如图6所示的防烫花茶壶概念设计；（4）放料、加料、倾倒过程的便利则要考虑更易用的结构和全新装配方式，可将保温杯、蒸锅、炖盅、榨汁机和电饭锅中的结构装配方式进行有效利用；（5）开启、点控、旋转、关闭等面板操作过程应该尽量简化，面板的布局应该指示清晰合理。

图6　防烫花茶壶概念设计

3.2　质感需求与感官系

从女性题材电影中寻找相关的主题元素，按照特性需求、材质需求和情景需求等需求定义进行综合设计，满足女性对于花茶壶产品的精神感官层面需求。（1）故事版。运用故事性的主题情节引人入胜，给予主题相应的符号和名字，如浪漫满屋、钻石精灵、活色生香和樱花季节

等;(2)自然元素的融入。运用木纹质感在底座面板或手柄中,并将自然淡雅的点缀于壶身或底座,借以烘托花茶的气质,为花茶壶产品在视觉层面增添亲和力;(3)视听觉轻数码。运用IMD工艺、镭雕透光工艺、呼吸灯、声控等数码产品中常用技术处理手段打造科技风。(4)玻璃质感的触觉表达。将玻璃壶身的通透性质感发挥到极致,运用玻璃的蒸镀、溅射、着色、肌理、浮雕与渐变工艺巧妙地提升壶身品质,通过玻璃的雾面与磨砂分层处理以及对厚度精确的掌控,让用户触摸产品的瞬间产生多层惊喜,从而在触觉层面提升产品的品质(图7)。

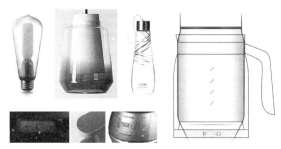

图7 数码及生活器皿的质感表达运用

4 结语

基于设计实践,本文阐述了女性花茶壶产品的用户研究过程,并针对研究结果对女性花茶壶创新策略进行了归纳和诠释,在实际设计中设计人员还需结合企业现状,如现有专利技术优势、供应链整合、销售渠道和生产成本控制等问题进行创新策略的侧重性选择。对于如何进行女性花茶壶产品的原型设计、设计评估、反馈修改和量产等问题应是未来继续研究的方向。

参考文献:

[1] 胡飞. 洞悉用户–用户研究方法与应用 [M]. 中国建筑工业出版社, 2010.

[2] Johannes Seemann, *Hybrid insights: Where the Quantitative Meetsthe qualitative*, Rotman Magazine Fall, 2012.

[3] 李健. 前期设计工作教学方法探索 [J]. 装饰, 2014.

[4] (美)唐纳德·高斯, 杰拉尔德·温伯格, 从需求到设计 [M]. 褚耐安译. 台北: 经济新潮社, 2007.

盛传新

中山火炬职业技术学院

工作单位:
2001年9月—2005年7月 武汉轻工大学 工业设计专业 工学学士
2005年7月—2008年5月 武汉理工大学 设计艺术学(工业设计方向)硕士研究生

工作经历
2008年8月—至今 中山火炬职业技术学院 产品艺术设计专业 学科带头人
2016年2月—2016年8月 中山日盈礼品制造有限公司工业设计师(企业脱产实践)
2007年3月至今 为珠三角多家镇区的特色制造企业进行项目咨询及设计管理服务,成功主持开发智能开关、灯具、卫浴、电子衡器、运动型水杯、女性花茶壶及儿童助行车等产品的用户体验创新设计。

科研项目
1 可持续性色彩写生与净水公益项目创新探究,中山市科技计划项目,2015.5-2017.12,主持。
2 海上丝路与中山灯具品牌对外传播, 中山市社科规划青年项目, 2015.3-2017.12,主持。
3 基于安全及使用体验的智能骑行头盔设计探究, 校级科研一般项目, 2016.09-2017.5,主持。
4 智观照明智能开关面板用户体验及创新设计, 2017.05-2017.11,企业委托。

赵璧

广东工业大学艺术设计学院工业设计系　讲师

个人履历：
2001年　本、硕就读于武汉理工大学，师从陈汗青教授。
2008年　任教广东工业大学艺术与设计学院工业设计系。
2009年　组建广东工业大学VIVA创新设计团队，指导学生获得40余项国内外设计大奖。
2013年　博士就读于广东工业大学，师从柳冠中、方海教授。

获奖荣誉：
个人及团队作品先后获得iF、Reddot等40余项国内外专业设计大奖，发表论文8篇、参编教材4部，申请实用新型专利12项，两项获得广州市知识产品大赛金奖。

擅长领域：
消费者洞察、设计策略、工业设计、品牌设计、服务设计等。

服务领域：
Smartlife：消费类电子、智能产品、个人护理。
Lifestyle：箱包配饰、快速消费、生活用品等。

浅析服装设计的原创性对产品研发的影响

沈雪

内容摘要：中国服装产业在后配额时代正在经历产业转型，而这一转型的关键在于品牌的建设和产品的研发。原创性在国外的设计中一直被强调，而服装行业的特点和中国目前的产业环境并未给予原创设计肥沃的土壤。在产品研发中原创性需要更多的时间和空间，一如近年来的"慢时尚"，然而产品的商业性决定了设计的价值仍以利益为先。本文以目前的发展趋势为背景，对设计的原创性在产品研发阶段的影响和重要性做了一个初步的剖析。

关键字：个性定制　慢时尚　原创性　产品创新　生活方式

从20世纪工业革命至今，服装行业的生产效率以惊人的速度发展，随之而来的"快时尚"影响风靡世界很长一段时间。我们可以在ZARA、H&M等快速时尚品牌中找到"一流品牌"、"二流产品"、"三流价格"，并且依赖于快速反应系统，可以很快地更新货品[1]。这些品牌的设计元素多模仿或是抄袭高街品牌的当季设计，然而以相对低廉的面料和简化的工艺取得较低的成本以适应大众市场，且更为重要的是，许多时候会先于高街品牌上市。依靠这些优势，该类品牌在大众市场极受欢迎。然而抄袭之风在服装市场屡见不鲜，这与人们追求流行不无关系，但也反映风了企业受商业利益驱使做出的市场判断。然而时至今日，随着社会结构的变化，消费的中坚力量出现了转移，70后、80后消费者的购买力随着收入的增加而提高，这一部分人对服装以及其他产品的诉求不再停留于消费品本身，而是更多地延伸到产品背后所反映的设计理念、生活方式和其他涉及生态发展和环保问题的层面，这就对产品的设计提出了比较高的要求，而一再地模仿和缺乏灵魂的生搬硬套会渐渐失去这部分消费者的关注。

1　当前背景下的原创设计

服装设计最终的目的是为人服务，所以目标客户层本身的特点，决定了设计的边框和可发挥的空间。也正因为如此，不同地域不同人种的消费者由于其文化背景和生活方式的差异，在选择服装和进行个人着装搭配的时候也不尽相同。虽然现在国际化程度的空前提高和信息的发达，使得人们对流行的认识不再受时间滞后影响，所以着装区别不是很大，然而地区性的特点还是十分明显。从中西方角度出发，

日本设计师，如Issey Miyake对服装的理解就具有东方"宽衣"文化的鲜明特点。他所设计的服装着眼点首先放在了面料上，面料的原创性结合款式所呈现出的服装，不仅代表了不同于西方设计师的观点，同时也反映了他在哲学层面的思考。我们在20世纪的100年里所见到的服装元素经常会被重复地挖掘、改良，并结合现代的审美进行重组，重回流行舞台。这类设计与前文提到的Issey Miyake的原创设计又有不同，虽然也是从新的角度出发，提取或改良了过去的元素，但并不是新生的设计。然而这一手法在服装设计中也是惯用的手段。在更多大众品牌的整个设计开发过程中，对于流行款式的参考，流行资讯的分析，甚至样板、样衣的参考更为重视，反之，对于Mood board等反映品牌今季主题和灵感来源的环节则比较弱化或者流于形式。而快速反应系统、快时尚也压缩了原创性设计的发展空间。从这一点上来说，原创性设计需要更多的时间和空间，甚至需要商业利益做出暂时的让步。近年来，许多高级成衣品牌的设计师频繁更换，有许多设计师，例如Jean paul gaultier 等感言工作压力多来源于要在十分紧张的时间内推出新的系列，灵感枯竭需要调整和休息。甚至于许多品牌，如Tom Ford宣布取消发布会，改在临近产品上市前再举行。

反观国内的市场，从WTO宣布新的配额方式到现在，许多制造业工厂倒闭，也有很多国内的服装品牌诞生，其中有一些颇为"洋化"的品牌，也有一些如江南布衣这类中式的品牌。在这些品牌中，仍需要借助"西方的力量"来占领市场。近年来，随着科技的发展，许多小众设计师品牌有机会开出自己的网店、微店。我们可以在这些小众品牌中发现一股新鲜的力量。同时人们的生活方式也发生了改变，人们对"快时尚"也产生了厌倦[2]，转而寻求新的品质生活、服装和其他产品，更多的是对生活态度的表达和体现。越来越多的设计师植根于这一理念，从面料选择和研发开始，试图找到突破口，来完成设计表达和设计创新。有些产品是生涩而略显笨拙的，而有些产品充分体现了设计师的想法与态度。这些产品或多或少在消费当中引起了共鸣，找到了"粉丝"和拥趸者。个性化、多元化的着装要求也为这些设计师品牌提供了一定的发展空间。

2　原创设计对产品研发的影响

中国作为制造业大国，对服装生产工艺的经验积累十分可观，这

也是为什么网络上充斥着许多质量优良的高仿"品牌产品"。所以许多制造类企业颇有底气尝试转型成为品牌企业，或创立自己的品牌，相较于越来越狭窄的生产加工利润空间，大家不约而同地把关注点放在了品牌产生的高"附加价值"上。先不提品牌策划和运营的宣传成本，品牌高附加值与单一产品的价值区别是，品牌传播和贩售的是"理想形象"，即人们通过整体的着装搭配完善或者获得自身期许的外观形象，而单一产品不能达到这一效果。从这一点出发，原创性设计对于整个品牌产品线的研发十分重要，这也是为什么许多国外设计公司注重mood board的整理制作。设计理念和设计主题在这里会有一个直观的呈现。比如Muji无印良品，从店铺的陈列即可看出，品牌整体营造的氛围是一种外观朴素但追求品质的生活方式，以这一理念贯穿整个品牌所有产品的设计。以服装为例，面料的选择、款式风格、工艺细节、搭配形象、服装配饰风格均围绕这一主线展开，特点鲜明，不同于市场的其他品牌和产品，能够脱颖而出，其目标客户层定位也十分准确。要达到这一效果，在产品研发阶段，对该类原创性设计的时间成本有一定要求，即需要前期对目标客户层的消费行为和生活方式进行大量细致的调研。在这一基础上，才能结合品牌自身的理念，通过面料的选择、款式的设计，传递给消费者设计师的设计理念和与消费者之间的共鸣。从以上案例分析可以看出，当下许多消费者对原创性设计的诉求，一方面是由于厌倦了快时尚带来的审美疲劳和过剩的消费冲动，一方面也是对生活的思考和生活态度改变，设计师与消费者

在找到共鸣的同时，也是对自身所处时代的看法的表达。

3　结语

虽然服装的创新依赖于科技的进步，诸如3D打印技术、数码打印技术、纳米技术等，但关注消费者诉求，感悟时代变化，亦是原创性设计的人文动力。原创性是产品的灵魂，缺乏原创性设计的产品不具生命力，终会淹没在时间里。原创性的设计来源于对生活的思考，反映了设计师对时代审美的看法，与此同时对目标客户层的关注和通过服装或其他产品传递的设计理念和生活理念才是产品研发过程中贯穿始终的主导因素。从目前来看，有许多设计师已经意识到了这一点，然而要在市场上见到中国自己真正的原创设计，还有一段很长的路要走。

参考文献

[1] 邢蕊，李根. 服装产业的原创性探究[J]. 产业与科技论坛，2014，13（22）：107-108.

[2] 杨楷浪，刘晓刚. 基于蛮时尚理念的服装设计新趋势[J]. 浙江理工大学学报（社会科学版），2014，32(6)：489-492.

[3] 强音. 服装企业研发中主题板的构建研究[D]. 上海：东华大学，2012：1-63.

沈雪

2004年本科毕业于东华大学服装设计与工程专业，2007年硕士毕业于香港理工服装与纺织品设计专业。现任教于北京理工大学珠海学院，主要从事服装专业的教学和学术研究。曾就职于多家外资企业与设计公司。

Quality of Life and Recycling Behaviour in High-rise Buildings: A Case in Hong Kong

Xiao Jiaxin Shao Jianwei

Abstract: Many researchers, environmentalists and economists have made tremendous efforts to enable polices and measures for waste recycling, to improve the quality of the public living environment and to achieve a better quality of everyday life. This study examined the quality of life (QOL) in high-rise buildings in relation to sustainability. It investigated household recycling behaviour and explored the QOL factors that affect such behaviour. Two models based on different types of recycling behaviour were estimated: 1) a model for the use of public recycling facilities (UPRF) and 2) a model for the use of private recycling sectors (UPRS) . Data were collected through a survey of 505 residents in two old districts of Hong Kong. The assessment of QOL included consideration for the physical settings, the socio-demographic variables and the respondents' attitudes on recycling and living environments. The research methods involved questionnaires and interviews. Correlations and multiple regression analyses were conducted to interpret the data collected through the questionnaires. The findings indicated that UPRF can be significantly predicted by physical settings and by satisfaction with the location of facilities, with the residents' participation and with the quality of the neighbourhood and accommodation. UPRS can be significantly predicted by housing type, income and the availability of private recycling sectors. These findings also indicate some directions for researchers and policymakers to consider. These directions concern how environments and public facilities should be designed to encourage sustainable behaviour and enable a better QOL without compromising environmental sustainability.

Keywords: High-rise buildings Living environments Public design Quality of life Recycling Sustainability

Introduction

According to Mercer's quality of livability survey, Hong Kong is one of the top 100 cities on the World's Most Livable City list (Mercer, 2014) . The Mercer survey considers living conditions in terms of ten categories, including safety, education, political stability, economic environment, health care, recreation, natural environment and housing. The quality of living in Hong Kong remains at a relatively high level compared to other cities in the Asian region, with onlySingapore, Tokyo, Kobe, Yokohama and Osaka receiving higher ratings. Hong Kong offers a good quality of life in terms of reliable transport, public services and consumer goods. However, there are still many challenges to be met for improving the quality of life (QOL) in Hong Kong.

In Hong Kong, with its consumption-led lifestyle and dense population, the generation of waste has increased at an alarming rate. The Environmental Protection Department (DPD) predicts that if the city's waste generation continues to increase, the three existing strategic landfills will be filled to capacity before the end of the decade (EPD, 2010) . Over the past ten years, local authorities, communities and various non-governmental organisations have undertaken numerous campaigns and activities to facilitate public participation in waste recycling. By the end of 2010, the Programme on Source Separation of Domestic Waste had been adopted in 1, 637 housing estates (including private housing, public housing and government quarters) . These estates covered 80% of Hong Kong's population. Since 1998, recycling facilities have been placed on the ground floors or designated public areas of housing estates to encourage the residents in separating their recyclables from other household wastes. However, these campaigns and the existing public facility designs have had little effect on the prevailing recycling practices (Lo & Siu, 2012) . Many people are not willing to participate in recycling, even if they are well aware of the region's environmental problems.

In dealing with such issues, researchers and environmentalists have focused mainly on policy and management initiatives. Various studies of waste management have been conducted in recent decades (Chan & Lee, 2006; Fahy & Davies, 2007; Siu, 2007). Some researchers emphasise that a lack of economic incentives and moral motivation has led many citizens to practise free-riding on the contributions to recycling made by others (Chung & Poon, 1996; Hage et al., 2009; Yau, 2010). A few studies have investigated the complex relationships between people's QOL, their living environments, their attitudes towards physical or social conditions and their sustainable behaviour. Such studies, however, have been especially rare in relation to communities of high-rise and high-density buildings. Martin et al. (2006) suggest that ignoring the social, cultural and structural aspects of people's lifestyles may lead to failure in understanding the issues of public participation in sustainable activities.

In the past, most strategies and management schemes for enhancing sustainability have been formulated by policymakers and experts rather than by local inhabitants. Due to a lack of consideration for QOL from the inhabitants' points of view, many of the existing built environments and designs of public space are unsatisfactory to the residents. What, then, is the nature of QOL in high-rise buildings, and how can it be integrated with sustainability? What QOL factors affect recycling behaviour? How should environments encompassing public facilities be designed to both encourage sustainable behaviour and enable a better quality of everyday life?

Quality of Life and Recycling Behaviour

QOL refers to people's degree of satisfaction with ordinary life (Szalai, 1980). In the broadest terms, QOL encompasses the notions of life satisfaction, subjective well being and overall happiness (Campbell et al., 1976; McCrea et al., 2006; Sirgy et al., 2000). Some researchers emphasise that QOL has both exogenous and endogenous dimensions. They suggest that a comprehensive understanding of QOL involves consideration for both objective factors and for subjective perceptions and evaluations (Marans, 2015; Szalai, 1980; van Kamp et al., 2003).

In reviewing the concepts of QOL and sustainability, van Kamp

et al. (2003) indicate that there are certain differences between these two concepts, even though they sometimes overlap. The notion of sustainability refers to the future and long-term livability, and QOL is more focused on the 'here and now' (Pacione, 2003; van Kamp et al., 2003). In relation to sustainability, QOL requires that the development of communities should meet the needs and requirements of present generations without compromising the well-being of future generations. Shafer et al. (2000) suggest that sustainability involves finding the means 'to develop and/or maintain a high QOL in the present in a way that provides for the same in the future'.

Although QOL is a multi-faceted concept that is studied by scholars from a wide range of academic disciplines, there is no precise definition or standardised criteria for QOL that incorporates environmental sustainability. Marans (2015) emphasises that it is necessary to integrate sustainability indicators into QOL studies. The natural and built environments along with the individual's perceived QOL and behaviour are suggested as dimensions for QOL studies. However, previous research also shows that it is difficult to balance the concerns for QOL and for sustainable development (Leveet, 1998). Many environmentalists and policy makers strive to make communities more sustainable, but residents are commonly slow to adapt sustainable behaviour. Siu (2003) indicates that we cannot impose views and habits on people, as they have their individual and subjective interpretations within the local context. Ways must be found to steer behaviour towards sustainable practices without diminishing people's willingness. In other words, trying to change people's behaviour without considering their needs and their satisfaction may result in annoyance and frustration. The balance between QOL and a sustainable environment must be carefully configured to ensure that recycling behaviour is encouraged, and irritation is avoided.

The quality of living environments can affect people's level of satisfaction and finally influence their behaviour. It is suggested that the places people live in, from their dwellings to their neighbourhoods and surrounding communities, have a strong effect on their QOL and, consequently, on their sustainable behaviour (Marans, 2015; Steg & Vlek, 2009; Timlett & Williams, 2008). In terms of attaining a sustainable environment, numerous environmental attributes, including the physical and social aspects, need to be addressed for the sake of maintaining QOL. According to

Van Poll (2003) , the quality of urban life is determined not only by physical aspects such as the quality of the built environment and its facilities, but also social aspects such as the human ties in the community. Some researchers indicate that neighbourhoods of high-rise buildings are generally experienced as areas having low social involvement and a weak sense of community (Gifford, 2007; Lee & Yip, 2006) . Most of the inhabitants have little sense of belonging or attachment to their surroundings, and consequently they have little interest in participating in recycling activities.

Many studies on sustainable behaviour have been conducted, with numerous proposals discussed. However, most of the existing literature focuses on the issues of waste management, policies and social norms (Chao, 2008) . The QOL indicators that affect recycling behaviour are seldom discussed, especially in relation to high-rise, high-density buildings. A limited number of studies, however, indicate that the residents'satisfaction with their facilities, their neighbourhood and the perceived quality of their environment are positively associated with sustainable recycling behaviour (Forrest et al., 2002; Lee, 2010; Steg & Vlek, 2009) . These studies indicate that QOL plays an important role in motivating sustainable behaviour. To explore how QOL affects recycling behaviour, both objective and subjective indicators of QOL should be taken into consideration. These indicators should encompass the physical settings, socio-demographic variables, the respondents'attitudes towards recycling and various other aspects of their living environment.

Methods

An empirical study was conduct in Hong Kong during 2014. Questionnaires and interviews were adopted to examine how QOL indicators influence sustainable recycling behaviour. The survey was conducted in two old districts with high population densities, namely Sham Shui Po and Kwun Tong. At the time of the survey, the population densities (number of persons per km^2) of these districts were 40, 690 for Sham Shui Po and 55, 204 for Kwun Tung. These densities are far beyond the average level (i.e., 6, 544) in Hong Kong. Both of these communities include a mixture of public and private housing estates.

In Hong Kong, there are three main types of housing：public rental housing (PRH) , home ownership (HOS) and private housing. PRH is provided by local authorities for low-income citizens who cannot afford to rent a private accommodation. HOS housing is sold to low- and middle-income families on the basis of HOS schemes that help them improve their living conditions. To enable residents to maintain their lifestyles in a familiar environment, the HOS housing provided by the local authorities is similar in appearance to the public housing estates. Private housing, unlike the public housing estates built by the Hong Kong Housing Authority or the Hong Kong Housing Society, is built by private developers according to the market-oriented economy. In this study, the authors consider both PHR and HOS housing to be forms of public housing, and they differentiate only between public housingand private housing.

Both of the districts surveyed in this study have a high proportion of low-income households and elderly people. The average household size in Sham Shui Po and Kwun Tong is 2.8. Compared to other districts, the median monthly household income is relatively low：HK$17, 000 in Sham Shui Po and HK$16, 100 in Kwun Tung. The percentage of people aged 65 or above in these two areas is far beyond the average level in Hong Kong. Regarding educational attainment, 25.5% of the residents in Sham Shui Po have post-secondary degrees, and approximately 23.5% (aged 15 and over) have only primary level education or below. In terms of housing, 38.8% of the residents live in public housing estates and 57.6% live in private housing. In Kwun Tong, the percentage of residents who have post-secondary degree is even lower (i.e., 20.8%) , and a higher percentage of the residents are poorly educated. The proportion of residents living in public housing estates in Kwun Tong is even higher than in Sham Shui Po. In Kwun Tong, 69.2% of the people live in public housing estates, and 28.7% live in private housing. Accordingly, both public recycling facilities and many private recycling sectors such as recycling centres and scavengers co-exist in these two communities. The distinct demographic structures and the spatial characteristics of the various living environments provide a viable laboratory to examine recycling activities.

Participant characteristics

Questionnaires were distributed to the residents of these districts through local community centres. Of the 1, 250 questionnaires distributed, 549 were returned (response rate = 43.92%) , and 505 were utilised in this study. The target sample for this study consisted of all residents who live in these two districts. Of the 505 respondents, a slight majority were female (53.27%) , with 46.73%

being male. In terms of age distribution, 39.41% of the respondents were 45 to 64 years old, with 34.85% in the 25 to 44 year-old category. Concerning monthly household income, 30.30% of the respondents reported receiving between $10, 000 and $19, 999 per month; 24.75% got between $20, 000 and $29, 999, and 15.84% had between $30, 000 and $39, 999. In their education levels, 42.97% of the respondents had a tertiary degree, and 14.46% had a primary or lower degree. Some 51.88% of the participants lived in public housing, and 48.12% lived in private housing (Table 1) .

Socio-demographic characteristics of the respondents (n = 505)   Table 1

Characteristics of respondents	Attribute	Number	%
Gender	Female	269	53.27
	Male	236	46.73
Age distribution	0~14	20	3.96
	15~24	45	8.91
	25~44	176	34.85
	45~64	199	39.41
	≥ 65	65	12.87
Educational attainment	Primary or lower	73	14.46
	Secondary	215	42.57
	Tertiary	217	42.97
Monthly household income (HK$)	<10, 000	28	5.54
	10, 000~19, 999	153	30.30
	20, 000~29, 999	125	24.75
	30, 000~39, 999	80	15.84
	≥ 40, 000	117	23.17
Housing type	Public housing	262	51.88
	Private housing	243	48.12

To gain an in-depth understanding of the residents' quality of life and their recycling behaviour, ten respondents were recruited for semi-structural interviews following the survey. This sample of interviewees was by no mean representative, but there was a suitable range of differences among the interviewees in terms of age, gender and other demographic factors. Of the ten respondents, six were female and four were male. Four were 25 to 44 years old, two were 45 to 64, three were above 65 years old, and one was between 15 and 24 years old. Six of the interviewees lived in public housing estates. Two of them mentioned that they used both public and private recycling facilities. Five interviewees mentioned that they used only one of the two kinds of recycling facilities, and three reported that they never recycled. In addition to the ten respondents, two scavengers, two private recyclers and one government officer (District Councillor) were recruited for interviews to gain their insights into recycling activities.

The interviews with the ten residents included questions such as 'Are you satisfied with the existing recycling facilities?'; 'What is your attitude towards the recycling behaviour of people in your residential area?'; 'How do you feel about the private recycling sectors in your area?'; 'Are you satisfied with your neighbours?' and 'Are you satisfied with the neighbourhood and its physical settings?' The interviews with the private recycling workers included questions such as 'When did you start to run your business?'; 'What are you satisfied with in your business?' and 'What are you dissatisfied with?' The interview with the officer involved the same questions discussed with the ten residents, along with a few additional questions such as 'Do you find any difficulties concerning recycling activities?' and 'Do you have any suggestions to improve the residents' sustainable behaviour towards a better QOL?' The conversations were recorded and transcribed.

Variables

The questionnaire was divided into three sections to measure various independent variables that could be associated with sustainable recycling behaviour. Section A aimed to discern the respondents' behaviour related to household recycling. Section B focused on their views and their satisfaction with the recycling services, the neighbourhood and the local facilities. All of the items in this section were measured on a 5-point Likert scale, ranging from 'very poor' to 'very satisfactory'. The final section collected demographical data on the respondents.

In this study, the predictor variables included both objective and subjective indicators of QOL. Previous studies have indicated that people's satisfaction with physical conditions directly and or indirectly influences their behaviour (Fullerton & Kinnaman, 1996; Hage et al., 2009; Lee et al., 1995; Marans, 2015) . The convenience of access to public and private recycling facilities or services is a major determinant of residential satisfaction, which can result in the residents'willingness to participate in recycling (Vrbka & Combs, 1993) . In addition, people's sense of relatedness to the neighbourhood can affect their level of involvement in community activities (Forrest et al., 2002; Nigbur et al., 2010) . Socio-demographic variables were included in the survey, because it has been well documented that the socio–economic and demographic status of the residents can be an important factor that affects recycling behaviour (Belton et al., 1994; Martin et al., 2006; Siu & Lo, 2011) . Based on the approaches used in previous studies, the following selected attributes of QOL for sustainable recycling behaviour were tested: physical settings, social settings, the residents'attitudes towards recycling and their satisfaction with their living environments (Table 2) .

Hypothesised indicators of QOL for sustainable recycling behaviour Table 2

	N	M	SD
Employment	499	2.86	1.292
Educational attainment	505	2.29	.703
Dwelling density	505	1.73	.676
Housing type	505	.48	.500
Monthly household income	503	3.23	1.245
Availability of recycling facilities nearby	505	.58	.494
Availability of private recycling sectors nearby	505	.46	.499
Satisfaction with the location of recycling facilities	505	2.92	1.117
Perceptions of the usability of public recycling facilities	505	2.82	.998
Perceptions of the private recycling sectors	505	2.92	1.218

	N	M	SD
Satisfaction with residents' participation	504	2.22	1.145
Perceptions of accommodation	505	2.86	.931
Satisfaction with neighbourhood/ community space	502	2.84	.963

Sustainable recycling behaviour was the dependent variable, and the study examined this variable's relationship with the hypothesised indicators listed above. As the authors wished to shed light on the effects that various QOL indicators have on sustainable recycling behaviour, two variables were used to measure household participation in recycling, namely UPRF and UPRS. The questions were designed to elicit the respondents'self–reported recycling behaviour, and the authors took the self–reported information seriously. We used several questions to clarify their recycling activities, because answers to only one question may be incomplete or exaggerated. The survey questions were as follows: (1) Do you participate in recycling? If yes, how often? (2) Do you use the public recycling facilities? If yes, how often? (3) Do you sell recyclables to private recycling sectors? If yes, how often?

Data analyses

The data obtained from the survey were analysed using SPSS to find correlations and to conduct multiple regression analyses. Models were estimated to identify the environmental, attitudinal and socio-demographic factors that influence sustainable recycling behaviour. First, the correlations between all pairs of both the dependent and independent variables were measured by Pearson correlation analysis. To avoid having any highly correlated variables in the same model, a precondition of this analysis was that any independent variables that were highly correlated would be excluded from the model. The independent variables that were correlated with any dependent variables were then included in multiple regression analyses to explore the influence of selected QOL indicators on recycling behaviour. Two models based on different types of recycling behaviour were estimated: 1) a model for UPRF and 2) a model for UPRS.

Results

Correlations

Table 3 shows that the physical settings and the residents' attitudes were directly correlated with their recycling behaviour. People who were satisfied with the location and design of recycling facilities or with the private recycling sectors reported higher participation in UPRF and UPRS. The respondents' attitudes towards participation and their satisfaction with the neighbourhood significantly correlated with UPRF, but not with UPRS. Monthly household income showed a positive relation to UPRF, but a negative correlation to UPRS. Other socio-economic variables such as educational attainment, dwelling density and housing type did not show any significant correlations with UPRF, but had a negative correlation with UPRS. The availability of nearby recycling facilities and the perceived quality of public facilities did not show any relation to UPRS. Also, no significant correlations appeared between the availability of private recycling sectors and UPRF. The findings showed that the availability of nearby private recycling sectors was significantly correlated with housing types. Private recycling sectors were more accessible in public housing estates than in private housing areas.

Correlations between variables   Table 3

Variables	UPRF	UPRS
1. Employment	.092*	−.036
2. Educational attainment	.023	−.088*
3. Dwelling density	.061	−.294**
4. Housing type	.066	−.451**
5. Monthly household income	.127**	−.655*
6. Availability of recycling facilities nearby	.559**	−.025
7. Availability of private recycling sectors nearby	.006	.570**
8. Satisfaction with the location of recycling facilities	.599**	−.037
9. Perceptions of the usability of public recycling facilities	.339**	.000

续表

Variables	UPRF	UPRS
10. Perceptions of the private recycling sectors	.009	.540**
11. Satisfaction with residents' participation	.526**	.024
12. Perceptions of accommodation	.351**	−.109*
13. Satisfaction with neighbourhood	.537*	−.507

$*p < .05$; $**p < .01$

Multiple regression analyses

Predictor variables that were significantly correlated with the dependent variable were used in the multiple regression analyses. Dwelling density was not entered into the multiple regression analyses, because it was highly correlated with housing type and could cause a problem with multicollinearity. As indicated by Wang and Lin (2013), 81.1% of PRH units have a relatively small unit size (< 40.0 square metres), but over 80% of private housing units have 40.0 square metres or more.

The results of the multiple regression analyses of independent variables in relation to UPRF are presented in Table 4. The R^2 indicated that 59.3% of the total variance in the dependent variable was explained by the independent variables. The residents' satisfaction with their surroundings had a significant influence on recycling behaviour. The findings suggested that the availability of nearby recycling facilities, satisfaction with the location of recycling facilities, satisfaction with other residents' participation, and satisfaction with the neighbourhood and with accommodation were the most significant predictors of UPRF ($p < .05$). In this survey, only 48 respondents (9.5%) mentioned that recycling facilities were installed on each storey of their building. The vast majority (90.5%) of the respondents said that the common locations were lobbies, entrances of buildings and open spaces outside the buildings. In other words, in many high-rise buildings, hundreds of household units had to share a single recycling facility. As has been shown previously, people's enthusiasm for recycling tends to decrease when they have to bring their recyclables to the ground floor (SITA, 2010). The findings also showed that in the housing estates where recycling facilities were installed on each storey, the rate of use for the public recycling facilities significantly increased. Among these 48 respondents, the mean satisfaction rating with the location of public recycling facilities was 4.58 (1 = very poor, 5 = very satisfactory), and the rate of use for the recycling facilities was 81.25%.

Although socio–demographic variables such as employment and monthly household income were correlated with recycling behaviour, these variables were not able to predict UPRF significantly. This result is consistent with that of previous research. As discussed earlier, the situation in Hong Kong is quite different from that in many Western cities, where affluent and well–educated people are the most active recyclers (Chung & Poon, 1994; Martin et al., 2006). In this study, the respondents with higher educational attainment and greater monthly household income did not show higher participation in UPRF. In addition, perceptions of the usability of public facilities were not shown to be significant predicators for UPRF. In other words, people recycled (or not), regardless of the design of the recycling facilities.

Multiple regression analysis model 1: UPRF   Table 4

Variables	Model 1 R = .770, R^2 = .593, Adjusted R^2 = .586, DW = 2.281
Availability of recycling facilities nearby	.308***
Satisfaction with the location of recycling facilities	.239***
Satisfaction with residents' participation	.235***
Satisfaction with neighbourhood/ community space	.168***
Perceptions of accommodation	.125***
Perceptions of the usability of public recycling facilities	.044
Employment	.036
Monthly household income	.017

*p< .05; **p< .01; ***p< .001 Note: β = standardised betas.

Table 5 shows the results of the multiple regression analyses of independent variables for UPRS. The R^2 indicated that 56.7% of the total variance in the dependent variable was explained by the independent variables. Monthly household income and availability of

nearby private recycling sectors were the most significant predictors of UPRF (p< .05), followed by housing type and perceptions of the private recycling sectors. Perceptions of accommodation and educational attainment did not predict UPRS significantly, although these variables were correlated with UPRS. Monthly household income was a strong predictor of UPRS, as this variable explained 46.6% of the variance. Respondents who had lower monthly household incomes reported that they participated in UPRS more frequently. Some of the old areas covered by this survey had massive public housing estates in which the government–provided recycling facilities were supplemented by the activities of scavengers, elderly people and private recyclers, who formed active recycling networks. These phenomena, however, were rather rare in richer areas, especially in those neighbourhoods with the latest modern private housing. Consequently, the private recycling sectors were more active in the neighbourhoods of public housing than in areas of private housing. Respondents who lived in public housing were prone to sell their recyclables, not only because of the economic incentive, but also due to the accessibility of private recycling sectors.

Multiple regression analysis model 2: UPRS   Table 5

Variables	Model 2 R = .753, R^2 = .567, Adjusted R^2 = .562, DW = 2.120
Monthly household income	−.466***
Availability of private recycling sectors nearby	.299***
Housing type	−.095*
Perceptions of the private recycling sectors	.105*
Perceptions of accommodation	.033
Educational attainment	.052

*p< .05; **p< .01; ***p< .001 Note: β = standardised betas.

The quality of environments and recycling behaviour

The quality of local environments was important for encouraging recycling behaviour. The results from the interviews showed that not only the built environments, but also the socio–cultural environment significantly influenced sustainable behaviour, as shown in the following quotations from the participants.

a) Accessibility of recycling networks

In alignment with the results from the questionnaires, the interviewees raised several points about the issue of accessibility. The accessibility and convenience of recycling networks were of great concern. In general, most of the recycling facilities were installed in the building entrance (Fig 1) .

Fig 1　Recycling bins located in a building entrance

Respondent：I don't know how many people participate in recycling practices in my neighbourhood. However, I will continue insofar as I can. I feel I'm not alone in that when I notice that there are some recyclables in the bins, even only a few ··· I'm still satisfied with the public recycling facilities because they are quite accessible.

Respondent：There are three private recycling sectors on the opposite side of the street. They have been located there for a few years. I always bring some recyclables and sell them to the intermediaries, because it is very convenient ··· and I can earn some money. I notice that many residents in my neighbourhood sell their recyclables to private recycling sectors regularly.

Respondent：The recycling facilities are relatively insufficient compared to the rubbish bins. It is very inconvenient for me to bring the recyclables to the ground floor.

To improve the quality of life and establish a sustainable community, an officer began a small-scale recycling programme in his neighbourhood. In addition to the source separation of domestic wastes launched on a territory-wide basis by local authorities in 2005, some other community-level initiatives were conducted in his neighbourhood. The officer explained that increasing the accessibility of recycling facilities could influence pro-environmental behaviour, and that this was thus essential to ensure the efficiency of recycling networks.

Officer：Recycling facilities were the problem. I need enough recycling bins. I cannot ask the people to deposit their recyclables without ensuring the provision of public facilities for that. Convenience and accessibility of recycling facilities play an important role in community participation. The number of recycling bins provided by the government is limited, and thus we have to provide more. To collect more types of recyclables, I buy some bins, and even modify the design to meet people's requirements.

b) Sense of community and satisfaction with neighbours

Unlike the sense of neighbourhood that was found in resettlement blocks in the past, most residents of the existing public housing estates regard their living environment as a physical space with low social involvement (Forrest et al., 2002; Mitchell, 1971) . In the survey, most respondents indicated indifferent or negative attitudes towards their neighbours and their neighbourhoods.

Respondent：It seems I have no neighbours ··· even though they live nearby ···You know, most of the neighbours close the iron gate. It is quite different from the past when I lived in resettlement blocks ··· we cooked together, ate together, played together and shared what we had.

Respondent：I'm not familiar with the neighbours, and I even have no idea of their behaviour. You know, I work day and night every day, and have no time to recycle ··· Maybe other people will recycle ··· I don't know ···

Respondent：Actually, I feel alone when I notice that most of my neighbours don't recycle. The low rate of participation decreases my enthusiasm.

However, some respondents reported satisfactory relations with their neighbours. Their descriptions indicated a sense of community and emotional connection. These respondents had lived in their neighbourhoods for a long time and had grown familiar with their neighbours.

Respondent：My neighbours are very nice. They give some waste paper to me because they know I regularly collect some recyclables for private recycling sectors.

When the officer was asked for his suggestions to improve community sustainability, he explained that he had introduced a garden recycling programme to the block of flats where he lived. This food waste recycling project was started in 2013. The open space of the rooftop was used to form a small self-contained recycling system. Residents deposited their food waste in the processor and got some organic soil made from the food waste. Each household had its own pots to grow plants.

Officer: The rooftop is bustling with activity during this period ⋯ adults, kids and the elderly ⋯ More and more residents participate in this sustainable practice.

The rooftop then served as a communal space that enhanced the opportunities for social interaction and encouraged the residents to participate in recycling. In such cases, the built environment can influence people's sense of community and social involvement.

c) Socio-economic factors

Among these districts, scavengers, elderly people and private recyclers formed active recycling networks in addition to the public recycling facilities and networks provided by the government (Fig 2) . Various recycling methods were available for residents to sell their recyclables. For example, some private recyclers had fixed locations in their neighbourhoods for a long time to invite residents to leave their recyclables there. They also collected recyclables on the doorstep if necessary.

Fig 2   Scavengers, elderly people and private recyclers formed active recycling networks

Some respondents mentioned that economic incentives had encouraged them to participate in recycling. Five respondents mentioned that they used private recycling networks to benefit financially by selling the recyclables. One respondent indicated that many of her neighbours recycled by using public facilities, because a reward scheme was applied in her neighbourhood.

Respondent: Some of my neighbours use the public facilities frequently. In general, the management staff of our housing estates collect recyclables and then sell them to recycling enterprises. The

residents are given some subsidies for community activities such as barbeques and trips as a reward.

In their interviews, the participating private recycling enterprise operators and scavengers said that they were mainly motivated by socio-economic factors. Their attitudes towards quality of life and recycling behaviour were quite simple. The four intermediaries interviewed all mentioned that they collected recyclables every day because they had to make a living.

Intermediary: We have run this business for more than ten years. Frankly speaking, our business is on a small scale and I have to work hard to feed my family. Many neighbours know us well. They sell some waste paper to me frequently.

Intermediary: I collect waste paper and plastic bottles every day. As it is not allowed to get recyclables from the recycling bins, I have to collect these materials from shops, streets and rubbish bins. Also, some warm-hearted residents frequently give me their waste paper, such as newspaper.

Discussion

The survey indicated that UPRF can be significantly predicted by physical settings and by satisfaction with the location of facilities, other residents'participation, the neighbourhood and the accommodation. UPRS can be significantly predicted by housing type, income and the availability of nearby private recycling sectors. The results also suggested that socio-demographic variables do not significantly predict UPRF, but these variables do significantly predict UPRS. It is clear from the survey that people's recycling behaviour was highly correlated with their perceived QOL. The quality of their living environment and their level of satisfaction significantly affected the sustainability of their behaviour. It is thus necessary to consider how to improve QOL towards more sustainable behaviour.

Towards better quality of life and sustainable communities

The findings of our study indicate several directions for improving recycling behaviour, achieving a better quality of life and enabling more sustainable communities. These directions are summarised as follows.

1. The availability of recycling networks and satisfaction with public facilities was found to significantly affect sustainable behaviour. The respondents had a relatively high expectation of recycling facilities in terms of accessibility and convenience.

However, the locations of most of the recycling facilities did not meet the residents' needs and expectations. The insufficiency or inconvenience of recycling facilities made it difficult for households and communities to participate in recycling practices. However, in the buildings with recycling facilities provided on each storey, the use of the public facilities was relatively high.

These results suggest that mature and accessible recycling networks with effective facilities, services and recycling sectors can improve sustainability-related behaviour. Neighbourhoods with convenient and accessible recycling networks can facilitate household and community participation in recycling. Easy, convenient, reliable recycling facilities and infrastructure are therefore essential.

2. Satisfaction with neighbourhood (or community) space was significantly associated with recycling behaviour. As Steg and Vlek (2009) suggest, the physical environment is important for community satisfaction, and a high quality environment results in sustainable behaviour. The results of our study revealed that the percentage of respondents who were very satisfied with their neighbourhood was relatively low. The living environments of existing high-rise buildings were perceived as large physical spaces with low levels of social involvement in community activities. Most of the respondents had a weak sense of their surroundings and low satisfaction with their neighbourhood. Respondents who felt this way had little interest for participation in recycling.

Marans (2015) indicates that living spaces can be designed to enhance the QOL. To form active sustainable communities, both policy makers and city planners should make the community spaces more satisfactory for the residents. The improvement of built environments is necessary to promote an atmosphere of social interaction and to cultivate sustainable behaviour. To increase residential satisfaction, high-quality recycling facilities are necessary. In addition, some community activities such as garden recycling programmes or environmental competitions can be launched to activate the community space. Cho and Lee (2011) indicate that public participation in community activities can cultivate a sense of community and result in a more sustainable lifestyle.

3. In terms of the socio-economic and demographic status of recyclers, the situation in Hong Kong is quite different from that of Western cities. Belton et al. (1994) and Martin et al. (2006) find that in Western cities, people who are affluent, well-educated or retired

tend to be active recyclers, and that non-recyclers are more likely to be relatively poorer and younger. In this study, the result was in line with the earlier suggestion from Chung and Poon (1996) that lower socio-economic groups in Hong Kong are prone to be active recyclers, because they can benefit financially by selling the recyclables. A considerable number of people, especially those who live in public housing, sell recyclables to private recycling enterprises instead of using public facilities.

Economic incentives such as neighbourhood reward schemes can be applied to encourage residents to recycle, especially in public housing estates. Residents tend to show great enthusiasm for participating in recycling if they can gain commodities from their recycling activities. Recycling facilities that can record the amounts of recyclables and schemes that offer rewards in terms of premiums or coupons can be provided in such neighbourhoods.

4. In the decaying neighbourhoods where massive public housing estates are located, private recycling sectors are more accessible than in richer neighbourhoods. Given the large number of housing estates, the scavengers, elderly people, private recyclers and recycling enterprises form an active recycling network. For some scavengers and elderly people, the recycling businesses serve to buy the recyclables they collect in the community. These traditional physical settings make it possible and convenient for people to sell recyclables. Therefore, it is high time to adopt measures to preserve these sectors. As the public and private recycling networks are not completely independent of each other, a close partnership between the public and private sectors can enable stakeholders to form tangible and effective recycling networks.

Conclusion

This study measured the QOL in high-rise buildings and explored the QOL factors that affect recycling behaviour. When considering the quality of urban life, it is necessary to integrate a consideration of sustainability into QOL studies. To make communities more sustainable, environmentalists and policy makers tend to impose requirements that people should behave sustainably. Such requirements, however, commonly make people less likely to participate in recycling. In general, most strategies and management schemes to enable sustainability are formulated by experts and policymakers rather than residents. Although recycling behaviour is widely discussed by scholars in various academic disciplines, most of their studies focus on waste management, policies and social norms (Ahmad et al., 2014; Chao, 2008) . The QOL indicators that affect recycling behaviour are seldom discussed, especially in relation to people in high-rise buildings and densely populated areas. Due to this lack of consideration of QOL from the inhabitants' points of view, many existing built environments or public designs of recycling systems cannot satisfy the residents'needs and expectations. The findings of this study suggest that not only the physical settings but also the social environments and the residents' satisfaction related to recycling should be taken into consideration in sustainable QOL studies.

This study focused on two old residential areas in Hong Kong, which have various types of recycling activities. Both public recycling facilities and private recycling sectors operate in these areas. The results from the multiple regression analyses showed that the residents'satisfaction with recycling networks and the perceived quality of the environment were positively associated with sustainable recycling behaviour. This study also indicates several approaches for encouraging recycling behaviour towards better QOL and more sustainable communities.

Limitations and Future Research

Although there was some heterogeneity among the selected study participants in terms of household income and built environments, the sample of respondents did not include a large proportion of the local people. In addition, our research was conducted in two old districts, both with a high proportion of low-income households and elderly people. The findings and proposals from this study may therefore be relatively inapplicable to different situations with other social contexts (e.g., suburban areas, low-rise and low-density buildings) . Further studies should expand the sample size and the types of communities examined to accommodate the complexity of local contexts and everyday practices. Long-term empirical studies with particular groups of informants should also be conducted to provide a more in-depth understanding of sustainable QOL.

Reference

Ahmad, M. S., Bazmi, A. A., Bhutto, A. W., Shahzadi, K., & Bukhari, N. (2014). Students'responses to improve environmental sustainability through recycling: quantitatively improving qualitative model. *Applied Research in Quality of Life*. (Online copy; printed copy in print)

Belton, V., Crowe, D. V., Matthews R., & Scott, S. (1994). A survey of public attitudes to recycling in Glasgow. *Waste Management & Research, 12*(4), 351-367.

Campbell, A., Converse, P. F., & Rodgers, W. L. (1976). *The quality of American life: perceptions, evaluation, and satisfaction.* New York, NY: Russell Sage Foundation.

Chan, E. H. W., & Lee, G. K. L. (2006). A review of refuse collection systems in high-rise housings in Hong Kong. *Facilities, 24*(9/10), 376-390.

Chao, Y. L. (2008). Time series analysis of the effects of refuse collection on recycling: Taiwan's "Keep Trash Off the Ground" measure. *Waste Management, 28*(5), 859-869.

Cho, S. H., & Lee, T. K. (2011). A study on building sustainable communities in high-rise and high-density apartments - Focused on living program. *Building and Environment, 46*(7), 1428-1435.

Chung, S.S., & Poon, C. S. (1994). Recycling behaviour and attitude: the case of the Hong Kong people and commercial and household wastes. *International Journal of Sustainable Development & World Ecology, 1*(2), 130-145.

Chung, S. S., & Poon, C. S. (1996). The attitudinal differences in source separation and waste reduction between the general public and the housewives in Hong Kong. *Journal of Environmental Management, 48*(3), 215-227.

EPD, Environmental Protection Department. (2010). *Programme on source separation of domestic waste: Annual Update 2010*. Hong Kong: EPD.

Fahy, F., & Davies, A. (2007). Home improvements: Household waste minimization and action research. *Resources, Conservation and Recycling, 52*(1), 13-27.

Forrest, R., Grange, A. L., & Yip, N. M. (2002). Neighbourhood in a high rise, high density city: Some observations on contemporary Hong Kong. *The Sociology Review, 50*(2), 215-240.

Fullerton, D., & Kinnaman, T. C. (1996). Household response to pricing garbage by the bag. *The American Economic Review, 86*(4), 971 - 984.

Gifford, R. (2007). The consequences of living in high-rise buildings. *Architectural Science Review, 50*(1), 2-17.

Hage, O., Söderholm, P., & Berglund, C. (2009). Norms and economic motivation in household recycling: Empirical evidence from Sweden. *Resources, Conservation and Recycling, 53*(3), 155–165.

Lee, J. & Yip, N. (2006). Public housing and family life in East Asia: Housing history and social change in Hong Kong, 1953–1990. *Journal of Family History 31*(1), 66–82.

Lee, Y. J., De Young., & Marans, R. W. (1995). Factors influencing individual recycling behaviour in office settings: A study of office workers in Taiwan. *Environment and Behavior, 27*(3), 380–403.

Lee, Y., Kim, K., & Lee, S. (2010). Study on building plan for enhancing the social health of public apartments. *Building and Environment, 45*(7), 1551–1564.

Levett, R. (1998). Sustainability indicators – integrating quality of life and environmental protection. Journal of the *Royal Statistical Society, 161*(3), 291–302.

Lo, C. H., & Siu, K. W. M. (2012). Failure of household recycling participation in a densely populated city: insights for public design. *The International Journal of the Humanities, 9*(6), 23–33.

Marans, R. W. (2015). Quality of urban life & environmental sustainability studies: Future linkage opportunities. *Habitat International, 45*(1), 47–52.

Martin, M., Williams, I. D., & Clark, M. (2006). Social, cultural and structural influences on household waste recycling: A case study. *Resources, Conservation and Recycling, 48*(4), 357–395.

McCrea, R., Shyy, T. K., & Stimson, R. (2006). What is the strength of the link between objective and subjective indicator of urban quality of life? *Applied Research in Quality of Life, 1*(1), 79–96.

Mercer. (2014). *2014 Quality of living worldwide city rankings – Mercer survey.* Retrieved February 14, 2015, from http://www.mercer.com/content/mercer/global/all/en/newsroom/2014-quality-of-living-survey.html

Mitchell, R. E. (1971). Some social implications of high density housing. *American Sociological Review, 36*(1), 18–29.

Nigbur, D., Lyons, E., & Uzzell, D. (2010). Attitudes, norms, identity and environmental behaviour: Using an expanded theory of planned behaviour to predict participation in a kerbside recycling programme. *Journal of Social Psychology, 49*(2), 259–284.

Pacione, M. (2003). Urban environmental quality and human wellbeing: A social geographical perspective. *Landscape and Urban Planning, 65*(1), 19–30.

Shafer, C. S., Koo Lee, B., Turner, S. (2000). A tale of three greenway trails: User perceptions related to quality of life. *Landscape Urban Planning, 49*(3), 163–178.

Sirgy, M. J., Rahtz., D., Cicic, M., & Underwood, R. (2000). A method for accessing residents'satisfaction with community–based services: A quality–of–life perspective. *Social Indicators Research, 49*(3), 279–316.

SITA. (2010). *Looking up: International recycling experience for multi-occupancy households.* London: SITA UK.

Siu, K. W. M. (2003). Users'creative responses and designers'roles. *Design Issues, 19*(2), 64–73.

Siu, K. W. M. (2007). *Urban renewal and design: city, street, street furniture.* Hong Kong: SD Press.

Siu, K. W. M., & Lo, C. H. (2011). Environmental Sustainability: Public housing household participation in waste and implication for public design. *The International Journal of Environmental, Cultural, Economic and Social Sustainability, 7*(3), 365–376.

Steg, L., & Vlek, C. (2009). Encouraging pro–environmental behaviour: An integrative review and research agenda. *Journal of Environmental Psychology, 29*, 309–317.

Szalai, A. (1980). The meaning of comparative research on the quality of life. In A. Szalai & F. Andrews (Eds.), *The quality of Life* (pp. 7–24). CA: Sage Beverly Hills.

Timlett, R. E., & Williams, I. D. (2008). Public participation and recycling performance in England: A comparison of tools for behaviour change. *Resource, Conservation and Recycling, 52*(4), 622–634.

van Kamp, I., Leidelmeijer, K., Marsman, G., & de Hollander, A. (2003). Urban environmental quality and human well–being towards a conceptual framework and demarcation of concepts; a literature study. *Landscape and Urban Planning, 65*(1–2), 5–18.

van Poll, R. (2003). A multi–attribute evaluation of perceived urban environmental quality. In L. Hendrickx, W. Jager & L. Steg. (Eds.), *Human decision making and environmental perception: understanding and assisting human decision making in real-life settings* (pp.115–128). Groningen, NL: Regenboog Drukkerij.

Vrbka, S. J., & Combs, E. R. (1993). Predictors of neighbourhood and community satisfactions in rural communities. *Housing and Society, 20*(1), 41–49.

Wang, D.G., & Lin, T. (2013). Built environments, social

environments, and activity-travel behaviour: A case study of Hong Kong. *Journal of Transport Geography, 31*, 286-295.

Yau, Y. (2010). Domestic waste recycling, collective action and economic incentive: The case in Hong Kong. *Waste Management, 30*(12), 2440-2447.

萧嘉欣

香港理工大学设计哲学博士,香港理工大学设计学院公共设计研究室研究助理。从事可持续设计和用户研究。已发表学术论文11篇(两篇SSCI收录,一篇发表在香港理工大学评为A类的期刊),实用新型专利3项。在博士科研阶段已发表期刊论文4篇,在香港社区可持续设计方面取得一定的研究成果,并参与了由美国国务院资助的可持续发展研究项目。研究成果先后在多个学术会议上进行汇报,其中包括第十一届环境、文化、经济和社会可持续发展国际会议(丹麦哥本哈根)、第六届图像国际会议(美国加州大学伯克利分校)和2015年高校设计研究博士论坛(清华大学)。获得国内外设计大赛奖项十余项,其中包括亚洲最具影响力设计、香港设计师协会环球设计大赛、大中华杰出设计大奖和东莞杯国际工业设计大赛金奖。

邵健伟

Kin Wai Michael Siu, Chair Professor & Public Design Lab Leader of Public Design Lab of The Hong Kong Polytechnic University. He is a chartered engineer and chartered designer. He is Fellow and Council Member of the Design Research Society. He was Visiting Scholar of UC Berkeley, ASIA Fellow of the National University of Singapore, Fulbright Scholar at MIT, and Visiting Scholar of the Engineering Design Centre of the University of Cambridge. He is Visiting Professor of Tsinghua University. His research and design focus is on both technological and social perspectives. He has been involved in a number of funded research and design projects related to public design and participatory design. He promotes action research and worked closely with end users. He has received more than 50 international design and invention awards. He owns more than 50 US and international patents. He has published over 300 journals in top tier research and design journals.

材料工艺服务于"好的设计"的情感分析

郑小庆

内容摘要： 本文从用户心理情感的产生背景，到产品的情感体验，对感官的刺激，层层入手，通过众多"好的设计"案例分析，着眼工业设计过程中，至关重要的因素之一的材料工艺是如何通过本身材料的属性和工艺来实现与设计师和用户建立心理情感交流，并通过用户的感性情感的五个方面来分析产品与用户的情感互动，直至引申出材料工艺的运用影响一件产品设计的成败，以及对设计的启发作用这一结论。因而"好的材料工艺"是"好的设计"至关重要的一环。

关键词： 材料工艺　设计　感官　情感

1　用户心理情感产生的背景

1. 消费社会

日渐挑剔的用户，消费社会中设计的主要职能之一就是促进消费，在这个意义上，设计人员要做的不仅是让商品在被购买后提供给使用者满意的功能，同时也需要赋予商品美学、符号和文化等方面的意味，多角度、多层次地满足用户的需求。

2. 网络社会

科技的高速发展、社会的网络化使设计更大程度地摆脱了技术以及生产可能性的制约，体验为王，对人的关注被提到了最核心的地位。以人为本，需要用设计的高情感去弥补和平衡现代社会人们情感的缺失和人际关系的疏离。

3. 多元性和个性

复杂性、多元性的设计背景为设计提供了更大的可能性和创意空间，同时也对设计师提出了更高的要求，要使造物更贴近人的情感、生活和多样的需要，同时用户的个性表现需要产品在情感上的呼应。

2　用户对产品情感的体验

1. 设计情感的三个层次

第一层次：造型自身的要素以及这些要素组合形成的结构能直接作用于人的感官而引起人们相应的情绪，同时伴随着相应的情感体验。

第二层次：造型、型的要素以及它们的结构使人们无意识或有意识地联想到具有某种关联的情景或物品，并由于对这些联想事物的态度而产生的连带情感。

第三个层次：形式的象征涵义，观看者通过对形式意义的理解而体验相应的情感，这是最高层次的情感激发与体验。

2. 使用者的情感体验

感官层面：人与物交互时本能、通过感觉体验所激发的情感；效能层面：来自人们在对物的使用中所感知和体验到所"用"的效能，即物体的可用性带给人们的情感；理解层面：在这个层面上设计的物、环境、符号带给人的情感体验来自人们的高级思维活动，是人通过对设计物所富含的信息、内容和意味理解与体会而产生的情感。

3　感官刺激——材料工艺

最直接、最易于实现的情感设计是刺激人感官的情感设计。人类存在多少种感官就存在多少种凭借感官刺激激发情感的体验。

1. 感官刺激的形式

（1）形色刺激：形色刺激指设计中直接利用新奇的形和色彩以及它们夸张、对比、变形、超写实来吸引人的注意。此类设计直接利用人的感知，特别是视知觉原理，满足人们最本能的对形的偏好和情绪体验，形式上它们通常鲜艳、明亮，具有精美或新奇的装饰。

（2）恐怖刺激：通过激发人的恐怖感而达到特定目的的设计，恐怖感能使人迅速地集中注意力并且加深记忆，激起快速强烈而持久的情感体验。

（3）悲情刺激：以激发人的同情心为目的的情感激发方法。

2. 材料工艺中的情感体验

产品设计要素具体表现在：造型、材料工艺、交互体验三个方面，下面从感官的五个方面：视觉、触觉、听觉、嗅觉、味觉，分别介绍材料如何影响用户的感官体验。

（1）视觉

MOTOROLA的三公尺法则：外形、色彩、表面处理和材料相互融合，形成了产品基因，统一的外形，统一的配色，统一的材料和工艺处理，使用户视觉上一眼就能识别产品特征和品牌，产生心理认同（图1）。

图1

APPLE御用材料——铝合金，铝合金冲压，挤出，喷砂雾面，阳极氧化着色，切割的利角，营造独特的高档之感和多姿多彩，满足用户情感上对高品质和个性身份的追求的需要（图2）。

图2

材料工艺的装饰性，通过色彩、花纹、文字、图案、影像等，借助网印、移印、水转印、热转印、雷雕、IMD以及最近的喷印技术，在视觉上带来丰富的多样性（图3）。

图3　独特的材料工艺

APPLE瓷器般塑料，塑料不像塑料，通过视觉，触觉刺激心理的惊叹，工艺上非一次成型，PC内嵌金属骨架，大块板面成型后无形变，切削加工开孔，塑造瓷器般光滑的质感，令人愉悦，爱不释手（图4）。

图4

PHILIPS室内氛围灯，借助LED光照，半透明塑料呈现变换的色彩流动感，创造光线与色彩的情趣环境，营造出室内美妙梦幻的氛围，给用户带来快乐（图5）。

图5

（2）触觉

触觉是人与产品之间的表面工程，眼睛可能会骗人，触觉才是我们认识世界最可靠的方法。温度、比热、密度、硬度、表面粗度、摩擦系数等激发心里反应，从而产生判断：婴儿用品、日用品、奢侈品等。例如汽车内饰材质的多样性触感带给人们居家乐趣（图6）。

图6

（3）听觉

材质声音可影响心情并融于记忆中，借助声音激发用户感受，触发心底的欢愉——烛光晚餐清脆的玻璃干杯；豪车车门关闭时的闷响；ZIPPO的清脆卡擦开合；使人无比舒畅。有时材质也会说话，诉说着

产品的特质、制造者的细心和对品质的执着，有时也打破对传统声音传递的思考，如玻璃共振音响，因此发挥材质的音感能影响用户情绪，帮助改进产品体验（图7）。

图7

（4）嗅觉

材料的气味代表独特的气质和品位，不同天然材质所散发出不同的气味，而独特的气味恰恰是它高品质的体现，有时也是文化的积淀，可满足用户的文化精神层面的追求（图8）。

索尼的一款翻盖手机，就有一种散发香味的面板，配上海洋或大理石图案，带来舒畅的心情（图9）。

图8

（5）味觉

材料的气味常常能吸引人们的注意力，与人产生味觉上的共鸣。

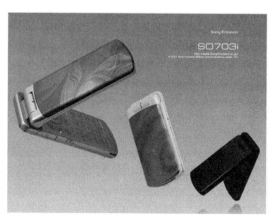

图9

散发饼干气味的饼干盒，总能勾起人们的食欲（图10）。

图10

3. 材料工艺的启发

人是一个感觉体，感官之间不是独立运作的，而是相互关联的，并且会因为接收多种刺激而不断再生，比如视觉与嗅觉。试想甜美的草莓香味如果不是从鲜红色的材料，而是从紫色、黑色的材料中散发出来，那会给感官带来怎样的错乱信息？可见材料对人类心理的影响。

合理和创造性地利用和开发材料，将帮助设计师、产品、用户之间建立情感的交流。

合适的材料工艺，刺激用户情绪，唤起感官经验，直接影响用户体验，关乎产品生命。

与用户的情感互动，建立充满愉悦体验的桥梁，需要我们开发新型材料工艺，促进产品设计和体验。

郑小庆

2000年毕业于西北轻工业学院，工业设计系，工业设计专业本科；2016年在职就读于广东工业大学，艺术与设计学院，工业设计工程，硕士研究生。

工业设计师，现就职于惠州华阳通用电子有限公司，从事企业工业设计工作逾16年，先后任职于TCL、德赛2、华阳等大型企业。主导设计了逾70多件成功上市的产品，主要涉及车载电子类，通讯电子类等。其中有数十多款产品销售额超过千万以上。截止2016年12月拥有发明专利1项，外观专利30项，惠州市科学技术三等奖1项。

解析与重构
——类型学理论在明清家具改良设计教学中的探索

陈振益

内容摘要：类型学的设计方法在建筑中得到了广泛的发展和应用，强调从历史及地域中寻找价值，并以此为基础进行新的演化和创新。本文将类型学的设计方法引导到明清家具改良设计教学中，通过清晰的教学步骤和过程，解决了学生设计中难以把控传统家具本质特征，以及造型演绎不够丰富等问题，让教学过程具备逻辑化、可控化。

关键词：类型　明清家具　类推

类型学原理在现代设计中最早运用于建筑。20世纪50年代，为了反抗极端现代主义建筑，西方一批建筑设计师开始探索建筑类型学的研究。其代表任人物有意大利建筑师阿尔多·罗西、芬兰建筑师阿尔瓦·阿尔托等人。他们试图从历史或地域中寻找文脉，挖掘历史及地域中永恒的价值，强调建筑应该与历史或地域建立内在的关系，并生成富有新意的设计。类型学不是简单复制传统历史，或者秉承狭隘的民族主义及地域主义，而是挖掘"原型"的内在价值，并进行新的演化和创新。

1　类型学与明清家具改良设计教学

在整个的家具设计专业教学中，明清家具改良设计课程是作为新中式家具设计教学的先导课程而设置的。明清家具改良设计既不同于仿古家具设计，又不同于中式家具的全新设计，而是要求学生以明清家具经典款式为对象，通过现代的设计手法，结合当代的生活方式，在造型、功能及材料运用方面进行改良和拓展。学生的设计中常见的问题包括：一是在家具设计中造型方案单一，缺乏多样化的选择及纵深推演的能力；二是设计往往呈现出两种极端，或者是在传统款式的基础上进行简单变形，较大程度地保留传统及中式特征，但是最终成为仿古家具设计；或者直接利用西方现代元素，体现了时代特征，也符合现代的审美需求，但中式家具的艺术气质荡然无存。教师无法用条理化的教学过程引导学生进行设计，设计作品的好坏很大程度上取决于学生的个人悟性。如何清晰地引导学生的设计行为是教学中的一个难点。

类型学的理论运用于明清家具改良设计课程对于教学有积极的促进作用。首先，明清家具改良设计强调与传统中式家具的内在逻辑性和延续性以及当下生活现实性。这与建筑类型学的从形式—类型—新形式的形态类推过程如出一辙，建筑设计中相对成熟的设计理论对于明清家具改良设计本身具有积极的参考价值。其次，对于教学活动而言，理性而富有逻辑的教学方法和过程是课程中所必需的，将类型学原理导入课程，能够改变教学过程中学生主要依靠模糊的感性认识来进行设计的现状，使得教学过程可以清晰化、过程化、逻辑化，能够有步骤地引导学生把握中式家具的设计本质，挖掘传统和地域的"原型"价值，在尊重历史和地域文脉的基础上实现中式家具的现代重构。

2　教学实录

1.　类型学设计方法的导入

类型学有着非常深厚的理论渊源，溯本追源涉及了语言学、心理学及生物遗传学等学科，其后再延伸到建筑领域，许多建筑大师在理论及设计实践中进行了突破。在教学课堂上，由于课程时间局限以及学生的知识结构问题，类型学原理并不适合展开讲解。因此，在教学的初始阶段，可以通过设计案例进行导入。

（1）初步感知传统家具与现代中式风格家具的内在联系

日本著名的家具学者岛崎诚利用遗传学方法，将现代椅子的设计源头分成四大谱系，即中国明式椅、温莎椅、震颤派家具、托耐特椅，现代的北欧与日本设计学派就是明式家具的海外最大分支[1]。因此，在课程的前期阶段，要求学生尽可能多地收集明清家具中的经典款式和国内外带有中式风格的家具资料，并进行对比分析，寻求这些家具之间的内在联系、共同特点（图1）。以明式圈椅为例，要求学生凭着感性认识从现代中式家具中挑选出一批与其具有共同特征的现代中式椅。在这一过程中，需要有意识地引导学生挑选现代中式风格椅子中的经典款式和代表作品。例如丹麦国宝级设计大师汉斯·瓦格纳、中国新中式家具品牌U+、多少、半木等品牌的设计作品。他们的作品造型各异，却有着共同的特质，即设计的"母体"均来自于中国传统明清家具，保留了传统家具的基本造型特征。在设计过程中，设计师根据对传统美学及现代生活的不同理解，通过不同的手法将基本

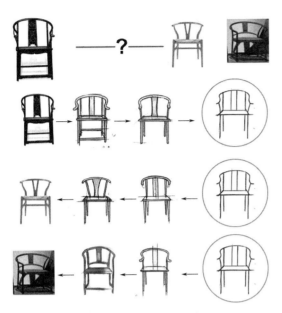

图1　明式圈椅与新中式椅的关联

的造型进行了多样化演绎，可以认为是传统家具的现代诠释。在这一阶段的教学中，学生可以初步感知到传统家具与现代风格的中式家具之间的某种模糊的联系。

（2）以两边为导向的过程推演

这一教学环节中，要求学生将上一教学环节中形成的不同家具之间内在的模糊的联系具体化、清晰化。引导学生首先对比分析传统中式圈椅及现代中式椅，总结其共同的造型特征，并用最为简洁的造型语言表达出来，提取出这些椅子共同的"原型"。以瓦格纳的"Y型椅"为例，"Y椅"中作为圈椅基本特征的搭脑被保留，鹅脖、联帮棍以及后腿上截三个部分简化成了一个部件，中间靠背的形式由传统面板改成"Y"型，但是与其他部件的空间拓璞关系没有改变，因此，整体而言，"Y椅"保持了圈椅的整体线性框架结构，具备明式家具的灵秀特征，虽然与中国传统圈椅表现出明显的差异性，但是还是可以清晰地看出二者之间的关联性。通过这一过程，学生在传统家具和现代家具之间能够寻找到过渡点；其次，以明式圈椅、"原型"以及现代中式椅三点构成的线性脉络为主导，要求学生以类推的方式，每个阶段通过二至三个步骤将明式圈椅与"原型"、"原型"与现代中式椅之间的过程推演补充完整。通过这一阶段的练习，学生可以清晰地感知到明式圈椅如何通过中间的过程逐步演绎到现代造型各异的中式椅。

类型学设计方法的导入阶段，并没有让学生进行实质的设计，而是以已有产品为导向，引导学生认识类型学的设计方法和过程。通过这一阶段的教学，学生可以明确意识到两点：一是传统明清家具和现代中式风格家具之间并不是孤立存在的，而是存在着某种明确的内在

联系，通过共同的特质；二是以传统明清家具为基础进行现代的改良，其设计过程并不是完全凭着感性认识而盲目进行，而是可以通过较为清晰和严谨的步骤去推演，从而获得更多的造型选择。

2. 明清家具改良设计实践

类型学的设计方法是以"原型"为基础的类推设计方法。基本的过程就是从已有的设计物当中总结出基本的造型特征，在其中寻找"固定"与"变化"的元素，将固定的元素简化为基本的图式，在此基础上对变化的元素进行推演，亦即通过"形式"—"类型"—"新形式"两个过程的演化。在明清家具改良设计中，则是以明清家具中的经典款式为对象，通过减法总结内在的设计特征，在此基础上通过加法进行现代中式家具的演化。

（1）明清家具类型的提取

明清家具中有许多经典的设计，学生可以各自选择合适的款式进行改良设计。这里以明清家具中最为常见的官帽椅为例子展开说明。首先引导学生对官帽椅的造型特征及构件进行解构分析，明确椅子的造型元素。其次，要求学生在合适的视角下简化椅子，以45度透视图或正视图及侧视图为佳，主要通过以下的步骤：①去除装饰，即将椅子中的卷口牙头、线脚、雕刻纹路等装饰性特征去除；②简化结构，即将椅子中边抹、联帮棍、各种帐条（如踏脚帐、步步高帐、罗锅帐）、矮老等小结构件简化或去除；③图底关系转换，即用最为基本点线面元素归纳简化的椅子造型，将空间要素转换成平面图底关系。最后，要求学生总结椅子可以用来演变的"原型"。对比分析简化前后的官帽椅，可以发现在造型元素上，椅子从原来的多个构件中只保留了搭脑、梳背、座板、扶手以及腿足（包括前后腿的上下部分）五个主要构件（图2），这些构件之间以一种基本的空间关系组合在一起，这些都可以作为官帽椅的"固定"元素，而被去除的部分则可以认为是"可变"元素。需要提醒学生的是，同一椅子由不同的人来演化，根据分类方法及关注点的不同，得出的"原型"并不会完全一样，比如有的设计师会保留其中比较醒目的装饰特征，但是不同的原型之间在差异中还是会保留统一的部分。

图2　明式官司帽椅类型提取

（2）家具类型推演

类型的推演是指将抽象的"类型"进行新的形式演绎，即基本内在结构特征不变或相似的情况下，建立新的组合形式，从而实现产品

的延续与重构。从教学的实用的角度（让学生更加具备可操作性），明清家具类型的推演可以按照从小到大的步骤进行。

①家具单体构件形态的推演。引导学生对上一阶段中总结的明清家具的基本构件进行形态演绎，具体做法是：在保持基本比例以及其余构建不变的情况下，对搭脑、背板（图3）、扶手、座面、腿足等各个部件分别进行多样化的形态演绎，可以考虑逐步加入雕刻、牙条等装饰件的造型变化。在这一阶段，尽可能不要限制学生的创意发挥，不进行美学上的评判，不过多地考虑生产和制造工艺上的难度，让学生设计更多的造型可能性，用于后期的选择和深化。

图3　家具单体构件形态的推演（以背板为例）

②家具构件连接形式的推演。构件之间不同的连接和组合方式会构成不同的形式感和空间感。在此涉及的构件连接主要包括座板与腿足（包括前后腿的上下部分）、座板与梳背、搭脑与梳背、搭脑与后退上截、前后图腿的上下截等，以及主要构建和装饰件之间的关系，如腿足与枨条、座板与牙条等。改变这些构件的连接方式可以使家具形

态获得进一步演化（图4）。以椅子腿部上、下截的连接为例，可以分为断开式连接和连续性连接。断开式连接以座板为分割，前腿的上截、下截之间分开，又可以细分为延续性断开和错落性断开，区别在于上截和下截在视觉空间上是否获得延续；而连续性连接则是上下截由一根材料构成，甚至下截、上截以及扶手演化成一个构件。在这阶段，除了要求学生关注椅子局部构建之间的关系外，也要开始关注不同关节之间的整体视觉关系和动静态势，以及各个构件形成的空间感觉。

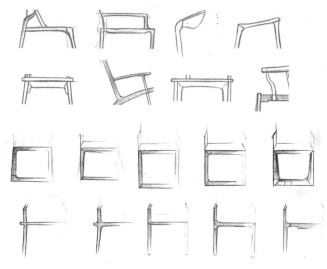

图4　家具构件连接形式的推演

③家具比例和尺度的推演。家具的比例是指家具各个构件之间以及构件与整体之间的数字关系，体现的是物与物之间的关系，家具的尺度是指家具各个部分为了适应人而形成的尺寸，体现的是人与物之间的关系。在这一教学环节中，让学生通过改变某一局部构件或是整体的比例尺寸，如有意识地降低座面的高度、拉大座面的宽度、调节梳背的高度、改变腿足的周长及座板的厚度等来实现新形式的演化，以及这些形式下椅子的功能与生活方式、空间环境的关系（图5）。

④家具结构模式的拓扑推演。拓扑学研究几何图形在改变形状后能够依然保留的性质，拓扑推演以拓扑学为基础，不在意几何图形形状的改变，而是从各组成部分的结构关系进行理性推演。在明清家具改良设计中，拓扑推演对构件及组合空间进行演化，利用重复、缩放、变形、替代、打散等方法对家具空间结构进行大与小、闭合与开放、连续与断裂等变化，组合出不同的结构形式，这些结构形式之间存在不同的差异性，但与原型都保持了内在一致性，例如将椅子典型部件的靠背和搭脑进行左右、上下的拉伸可以出现新的骨架。（图6）。结构模式的拓扑推演与构件连接形式的推演和家具比例和尺度的推演

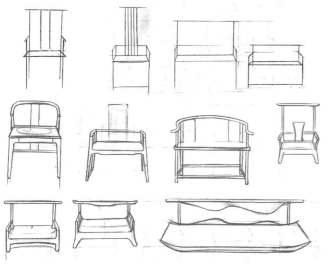

图5　家具比例和尺度的推演

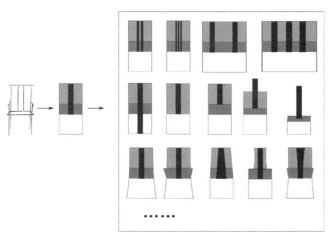

· · · · · ·

图6　家具结构模式的拓扑推演

有一定的关联性，区别在于拓扑推演的对象为平面几何化的图形，关注的是图形要素之间的关系改变，而对于具体的三维造型以及细节并不在意。这种形式的推演有助于学生跳出具体造型的局限，从而获得更多的组合形式。

以上的四个步骤相对独立又相互关联，在实际教学中，并一定完全按照顺序来。面对具体的设计问题时，引导学生反复进行对比推敲，在后期阶段，为了避免设计的鼓励，学生往往需要几个步骤同时进行，以获取相对完整的设计方案。

（3）整体方案的选择与优化

上一阶段的教学引导学生以明清家具的基本造型特征为基础，在

构件形式、连接方式、比例尺度以及空间功能等方面推演了多种可能性，为最终的设计提供了多元化的选择。但是并不是所有的造型都符合最终的设计目标，前期探索的造型更多是发散设计的结果，很多设计自身没有特别的意义，甚至背离了明清家具的造型风格；部分椅子的局部或单一构建具备特色并符合审美需求，但是在与其他配件的搭配中很难形成统一的整体。因此，最后阶段需要引导学生根据功能及风格的定位，从推演方案中选择出最为合适的部分进行组合，并进行最后的优化。需要优化的内容包括比例尺度的进一步确认和调整、造型风格整体的统一、人机工程学的考虑、局部细节的细化、材质颜色的选择以及装饰纹样抽取等。

3　总结

类型学并不是一种新的设计方法和思维，在传统社会中，设计的延续本身就是依靠类型学内在规律而代代相传，直到工业社会中被迫割裂。如今类型学被重新引入到设计中，又被赋予了新的内容和操作方法。将类型学的设计方法引入明清家具改良设计中，能够有效地引导学生在保持传统家具设计特征的基础上进行多样化的家具造型演绎。本文以椅子作为基本的案例展开，其他的家具类别也包括传统器物的现代改良设计都可以使用类型学方法展开设计与教学。本文的论述力求抛砖引玉，对设计教学有所帮助。但是在实际的教学运用中，还必须清醒地认识到以下的问题：一是"类型"本身具有多样性和层次性，可以是具象的实体元素、也可以是概念化的象征元素，如风俗习惯、审美特性等。在本文的探讨中，主要是以明清家具的造型作为基本原型展开设计，而明清家具中深层次的艺术精神、审美情趣、生活方式等"类型"并没有涉及太多；二是类型学的设计方法不是万能的，不能完全替代其他的设计方法，教师应该结合实际的教学情况，将各种有效的设计方法引入课堂，引导学生综合运用。

参考文献

[1]　彭亮. 椅子设计研究（下）. [J]. 家具与室内装饰，2015，10：14–17.

[2]　陈斗斗. 如何向学习——初探类型学原理与方法对于家具设计的启示[J]. 设计，2012，10：61–63.

[3]　张寒凝，许继峰. 论类型学方法在新中式家具设计中的运用[J]. 包装工程. 2009.（8）：106–108.

[4]　沈克宁. 重温类型学[J]，建筑师，2006（12）：5–19.

[5]　王世襄. 明式家具研究[M]. 北京：生活·读书·新知三联书店，2007.

[6]　汪丽君. 建筑类型学[M]. 天津：天津大学出版社，2005.

[7]　李晓彤. 以类型从事建构——家具设计形态生成方法探究[J]. 家具

与室内装饰. 2014（5）：16-17.

[8] 杨元高. 衍生设计法在新中式家具设计中的应用[J]. 装饰. 2013
（9）：143-144.

[9] 荣格. 心理学与文学[M]. 北京：生活·读书·新知三联书店,
1987.

项目支持：广东省新中式家具设计工程技术研究中心研究成果；2015年广东省教育研究院教育研究课题研究成果（GDJY-2015-C-b040）；2015年度江门市基础与理论科学研究类计划项目研究成果（五邑侨乡地域文化遗产与本土化设计体系构建研究）；五邑大学青年科研基金阶段性成果（2015sk03）。

陈振益

五邑大学艺术设计学院副教授，家具及空间设计专业负责人，广东省新中式家具设计工程技术研究中心主任，近年主要从事家具、文创及家居产品的设计研究及教学。近年发表核心期刊论文5篇，合作出版设计著作1部，主持省级以上科研项目4项。拥有专利成果20余项，多项设计成功上市。设计作品曾获得德国红点设计奖、美国IDEA奖、广东省"省长杯"工业设计大赛银奖、广东省"省长杯"工业设计大赛家具专项赛三等奖等国内外重大设计奖项，2016年与福建森源家具有限公司合作设计的家具作品入驻杭州G20峰会杭州西湖国宾馆贵宾接待室；指导学生多次获得德国IF学生设计奖、台湾光宝奖木创殊荣奖、台湾国际学生创意设计大赛银奖、广东省"省长杯"工业设计大赛家具专项赛一等奖等重大设计竞赛奖项。

设计知识：跨学科知识的复合直积及其集成路径

胡　飞　张　曦　沈希鹏

内容摘要： 本文揭示了设计创新与集成创新在解决复杂化问题、集成创新要素择优搭配等方面的同一性。面对广泛的跨学科知识，本文以符号学为例，剖析了加合、并集、函数和直积等四种设计知识集成的可能路径。从而指明：设计知识是以设计学为主干的"T"型结构，设计知识的集成路径是跨学科的复合直积。因此，设计教育的目标就是培养具备跨学科的T型知识结构和集成创新能力的设计人才。

关键词： 设计知识　集成创新设计　"T"型

1 设计创新与集成创新

集成是一种创造性的融合过程。Marco Iasiti（1998年）最早提出技术集成（Technological Integration）概念："企业通过把有关创新所需的好的资源，工具和解决技术难题的方法进行综合应用来提高研发水平和能力"。Nancy Staudenmayer和H.K.Tang（1998年）从组织内部资源的角度提出技术、知识和信息的"创新集"、Best（2001年）论及的"系统集成"等概念都与之高度相关。在此基础上，学者们提出"集成创新"（Integrated Innovation）的概念，强调在要素结合过程中注入创造性思维。要素仅以普通方式进行排列组合并非"集成"；只有当要素经过主动的选择、优化、搭配、适应，形成一个由适宜要素组成的、相互优势互补、结构最合理的有机体的过程才是真正的集成。集成创新具有四大特点：（1）对象的复杂性：面向各种正负反馈结构和非线性作用相互耦合交织在一起的复杂系统；（2）要素的整合性：对组织内外不同层面的理念、知识、技术等按照最优方式有机融合，实现最佳匹配和最优组合；（3）过程的动态性：随着资源要素不断更新和知识不断增加，需要不断重新组织和匹配；（4）效用的放大性：通过合理调配各种资源间的比例关系和相互作用能力，使整个创新资源的结构趋于整体功能的跨越性放大。可见，集成创新的关键不是技术供给本身，而是日益丰富的技术资源与有效的实际应用之间的关系。

科学研究揭示、发现世界的规律"是什么"（Be），关注事物究竟如何；技术手段告诉人们"可以怎样"（Might Be）；而设计则综合这些知识去改造世界，关注事物"应当如何"（Should Be）。如果把设计视为"人类有目的的创造性活动"，设计对象可定义为"事"因（时间、地点、人物等）与"物"因（技术、材料、工艺）共同作用下的关联

性系统；设计活动则始于明确目标、确定目标系统的设计研究，通过选择手段、导入知识、重组资源进行设计创新，在不断评估、反馈、调节至最合适的搭配和组合后，解决问题并实现价值的最大化。

对比技术集成和设计创新可以发现，从逻辑起点来看，两者都始于对需求的把握：技术集成源自产品多样化对技术的不同需求，是从"物"的视角反求需求；设计创新则始于对人的生活方式和使用行为的探索，是从"人"的视角发现需求。从创新过程来看，两者都重在要素的匹配和关系的创新：技术集成是以知识与技术的原始创新为素材和要素，寻求符合需求的产品与丰富的技术资源供给之间的最佳匹配和最优组合；设计创新也并非追求单一要素的突破，而是探索技术、材料、结构、工艺等相互关系的可能性。从评价标准来看，两者也都取决于系统的外部限制。尽管技术集成与设计创新的结果不尽相同，但就"目的——手段"的关系而言，设计创新的本质就是集成创新（图1）。

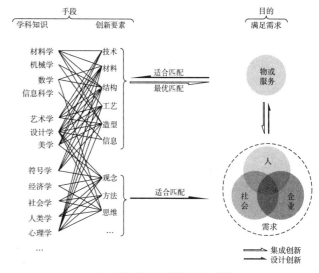

图1　设计创新与集成创新的目的与手段

2 多学科集成的设计知识

政治、经济、社会的发展给人们带来多元化的生活，因而设计活

动也随之呈现出复杂性的趋势。设计师需要深入探究是什么人（who）、在怎样的情境下（when & where）、抱有怎样的需求（what）以及需求背后的原因（why），据此弄清楚设计的目的，进而组织技术、材料、工艺等，通过设计手段表达出来（how）。这一过程决定了工业设计师具备的设计能力是综合性的，多元化的。与此相应，设计的问题发现能力需集成社会学、经济学、市场学、人类学、心理学等知识；问题分析能力需集成管理学、逻辑学、环境工程、伦理学等知识；问题解决能力需集成思维科学、创造学、材料学、电子技术、信息技术、机械制造、加工工艺等知识；结果呈现能力需集成美学、技术学、语言学、传播学、公共关系等知识。在此意义上，设计知识横跨了自然科学的物质层面和社会学科的精神领域[1]。

杨砾和徐立将设计研究与设计科学模糊地划分为专业设计知识、一般设计方法、设计科学、设计哲学四个层次，并认为专业设计知识对上面三个层次的研究具有非常强烈的直接影响，反之亦然。据此诠释设计边界的模糊性和内容交叉性。自然科学与社会学科知识海洋的点滴融汇成为设计知识河流，并使设计师以解决方案聚焦的思维，从明确设计目标、分析设计问题到创造性解决问题、艺术表达和交流体验进行设计活动。

Perkins（1986年）认为设计知识（Design Knowledge）与目的、结构、模型和论证等四个设计要素有关：①设计需要一个目的，才能导向最终的设计结果；②结构能够解释不同的人工物，如物体、产品和建筑；③模型可以详细说明事物是怎样运作的；④论证则解释当前工作为什么采用那些原理。可见，设计知识是描述性的而非概念化的，是关联性的而非独立化的，是抽象的而非具体化的，是潜意识的而非表象的。其描述性质无法对设计知识定下单一不变的定义，也正是因为设计知识没有明确定义才使得设计本身的发展不受固有概念所限制；其关联性指设计知识是自然科学知识与社会学科知识的交叉融会下形成的，并非独立化的知识结构。其抽象性指设计活动在问题到解决方案的过渡充满了不确定性与模糊性，具体化的知识理论难以解决；潜意识指设计知识并非将表象的他学科知识进行堆积，而是通过某种导向聚焦至解决方案的知识。从设计知识的特性中不难发现，界定设计的边界较为模糊，但并非不可认知。

优秀的设计师们总是能够很有默契地巧妙运用他学科的知识，将之转换成为更好地达到设计目标的有效手段。科学活动以问题聚焦（problem focused）为特征，而设计活动的特征是解决方案聚焦（solution focused）。设计师通过搜索性的思维方式将他学科知识集成到具体的某个设计活动中，巧妙地将发展中的解决方案与发展中的问题进行匹配。所以说，设计知识的集成是带有目的性的建设性、创造性思维取向，它不同于归纳和演绎的推理方式。March认为，它是一种溯因的思维方式，溯因是解释已知事物的过程，是推理到最佳解释的过程，是推测性的逻辑。设计师便是依据这样的逻辑，遵循"适应性"

系统，试图调节内部因素，使内部与外部的天平趋近平衡，将解决方案聚焦在平衡点上。科学家致力于研究发现规则，而设计师更想达到最好的结果。因此，设计知识具有以设计问题为目标、解决方案聚焦为思维线索的集成取向。

3 设计知识的跨学科集成路径

通常在跨学科研究中将被交叉的学科名称予以并置，构成"A+B"的模式；近几年出现的设计符号学、设计心理学、设计伦理学莫不如此。下文以符号学为例，剖析设计知识跨学科的集成路径。

3.1 从"设计+"到"设计∪"

首先，设计学的要素和他学科的要素之间可以直接进行加合么？算术中的基本原理是同类进行相求和，如3个苹果和2个西瓜是不能直接相加的；但如果都统一到"水果"这个概念下，3个水果（苹果）+2个水果（西瓜）=5个水果。同样，设计学和符号学本身并非同类要素；但上升到人文学科的视野，设计学中的一部分是完全可以与符号学中的一部分进行加和。那么，究竟设计学中的哪一部分可以与符号学中的哪一部分进行加和呢？由于设计学和符号学都存在广义性和不确定性，这个问题留待大家思考。起码，作为"人为事物科学"的设计学与"能够以具体的形象表达约定俗成或团体共识的思想、概念和意义"的符号在"人为"这一点上有共通之处。

其次，设计学和符号学之间是一种简单的加合关系么？加的目的是求合，设计学与符号学的交叉是为了求合么？绝对不是。

第三，设计+符号=设计∪符号。从结果看，即使纳入到人文学科的视野进行加合，其结果只能是出现设计学与符号学的并集——包含所有设计和符号的元素，但不包含任何其他元素的集合；进而无限泛化，"设计∪符号"无所不含。如果"设计∪符号"囊括一切，那么，设计符号学还有存在的价值么？

3.2 从"f：符号→设计"到"设计×符号"

显然，"设计+符号"的错误关联导致了"设计∪符号"的错误结论。那么，设计学和符号学到底是什么关系呢？

首先，需要明确交叉的位置。我们到底是站在设计学的圈圈里面还是站在符号学的圈圈里面？尽管设计学和符号学的边界都很模糊，但毕竟还是不同的两个圈圈。所以，必须明确：我们是站在设计学的领域中引入符号学。

其次，需要明确导入的方向。既然站在设计学的圈圈内，符号学对于设计学来说就是一种"拿来"而不是"输出"；可以用函数箭头"f：x→y"来表示两者的关系："f：符号→设计"。"f"表示一种关联，"f：x→y"就是从集合x映射到集合y；"f：符号→设计"意即将符号学的观念、原理、方法引入设计学，进而更有效地解决设计学科的问题和促进设计学科的研究。因此,在"f:符号→设计"中,设计是目的,符号是手段;索绪尔的语言符号学也好,皮尔士的逻辑符号学也罢,都是进行设计研究所借鉴的观念和方法;这与符号学作为跨学科方法论、"普遍语义学"和"文化逻辑学"的学科定位也相一致。那么,设计符号学是"设计的符号学"么?设计符号学是以设计现象或产物为对象的符号学研究么?或者,设计符号学是"符号的设计学"么?设计符号学是进行符号创造的实践活动么?

第三,需要明确映射的结果。既然要在设计学中导入他学科,那么他学科的知识或方法一定能够揭示出设计学自身未能揭示或忽略的问题;或者帮助设计学更有效地解决现有问题。否则,这样的"交叉"和"跨"就失去了其价值;出现的交叉学科也就成为"伪科学"。设计学与符号学的交叉研究可能建构出"设计×符号"的集合。需要强调的是,这里的"×"不是算术中的乘积,而是集合论中的直积(direct product)。直积"x×y"意指所有第一个元素属于x、第二个元素属于y的有序对的集合。"设计×符号"的直积意味着要建构设计学中的要素和符号学中的要素之间的有序关系,这样的"跨"学科研究才"跨"得起来;进而通过符号学找到设计学的"移码"(frame shift)或"变位",实现设计学的突变,这样的"交叉"学科研究才能体现出"交叉"的价值。此外,或许能够揭示设计学与符号学之间可能存在的群直积的自同构关系。

4 作为跨学科复合直积的设计知识

首先,设计知识的集成不是跨学科知识的并集,即$DK \neq \{d\} \cup \{x_1\} \cup \{x_2\} \cup \cdots\cdots \cup \{x_n\}$。尽管设计知识可能是一个庞大的知识网络,但绝不是无限泛化地包含了各个学科的所有知识。

其次,如果以变量x_n代表他学科知识,尽管函数"f:x_n→d"强调了设计与他学科知识的关联性,但由于他学科知识并非可用于公式计算的常数,因此函数的表现形式难以明确指出其复杂关系。

因此,$DK = \{设计\} \times \{x_n\}$。直积关系表示了设计知识要素与他学科知识要素之间的有序关系建构,解决方案聚焦的思维则在这一有序关系中发挥桥接作用。设计知识的集成并不是要集成他学科知识中的所有元素,而是依据目标和条件有选择性地、创造性地集成,从而通过解决方案聚焦,将该知识要素转化为更有效解决设计问题的手段。

然而,设计知识如何通过直积进行跨学科集成呢?集成路径究竟是$\{设计\} \times \{x_1\} \times \{x_2\} \times \cdots\cdots \times \{x_n\}$还是$\{设计\} \cup (\{设计\} \times \{x_1\}) \cup (\{设计\} \times \{x_2\}) \cup \cdots\cdots (\{设计\} \times \{x_n\})$?前者强调了除设计与他学科有序关联外,他学科之间亦交叉关联;后者将设计作为载体,通过集成他学科有序关联部分壮大设计知识。而他学科之间的知识交叉并未明确设计的取向性,交叉的结果无法通过某种导向转化为更有效解决设计问题的手段,同时也将失去设计的主导地位。设计知识的集成方式更接近于后者,设计以其自身为载体,通过

解决方案聚焦的导向,各自摄取他学科的某部分知识,进而组合成解决设计问题的有效手段,因此,设计知识集成的结果应是以设计为主干的"T"型知识结构(图2)。

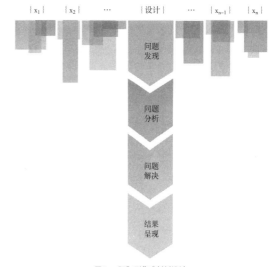

图2 "T"型集成创新设计

5 结语

社会、经济、文化的多样性使设计活动变得复杂化,这意味着过去的设计手段将难以满足人们不断变化的需求。在设计活动中,设计师所面临的问题并非单一维度或一成不变,而可能涉及金融、医疗、互联网、制造业、农业、服务业等各行各业;设计师不得不面对迥异问题带来的巨大挑战。如果说多学科知识的集成是"融",那么设计知识集成的目的则是"会"——以突破性和颠覆性的创新方案创造性地解决问题;其集成过程则是在创造性聚焦思维引导下,集成各学科中优选的设计创新要素,使各创新要素相互适应、搭配、协调,进而形成优劣势互补、结构合理的有机体,进而更广泛地发现问题、洞察需求,更深入地定义问题、分析问题,更合理地解决问题,更完美地呈现设计结果。

设计人才的培养目标是使其具有解决不同设计行业设计问题的能力;相应地,设计知识也应呈现不同类型的"T"型知识子结构。这些"T"型设计知识子结构存在于设计过程中,并具备吸收接纳的能力;每一次设计活动的完成,设计知识也将整理、更新、吸收新知识而不断丰富、修正、重组"T"型子结构,并通过下一次设计活动体现出完善过后的集成创新能力。因此,设计教育的目标就是培养具备跨学科的"T"型知识结构和集成创新能力的设计人才。

参考文献

[1] Marco Iansiti.Technology Integration：making critical choices in a dynamic world [M]. Boston：Harvard Business School Press, 1998.

[2] H.K.Tang. An integrative model of innovation in organizations[J]. Technovation, 1998（5）：297-309.

[3] 林向义. 集成创新中的知识整合模式研究[J]. 科学管理研究, 2011,（03）：16-21.

[4] 赫伯特·A·西蒙. 关于人为事物的科学[M]. 解放军出版社, 1988：130.

[5] 胡飞. 中国传统设计思维方式探索[M]. 中国建筑工业出版社, 2007：5-7.

[6] 杨砾, 徐立. 人类理性与设计科学——人类设计技能探索[M]. 辽宁人民出版社, 1987：30.

[7] Perkins, D.Knowledge as design.Hillsdale.NJ：Lawrence Erlbaum Associates, 1986：95.

[8] 胡飞. 问道设计[M]. 中国建筑工业出版社, 2011：24-26.

[9] Nigel Cross. 设计师式认知[M]. 华中科技大学出版社, 2013：19.

[10] 胡飞. 设计符号与产品语意[M]. 中国建筑工业出版社, 2012：21-22.

[11] Hu F, Zhang X, Shen X. The Approaches of Design Knowledge Integration in Innovation Design[J]. 2015.

[12] 胡飞, 赵琼瑶. 从设计知识到设计能力——论工业设计中的知识迁移[J]. 美苑, 2009（2）：28-31.

基金项目：广东省高等教育教学研究和改革项目"T型集成创新设计知识体系与校企协同育人机制研究"（项目编号JGXM002）；广东省引进"工业设计集成创新科研团队"项目（项目编号2011G089）。

胡飞

广东工业大学艺术与设计学院常务副院长，USD联合实验室负责人。毕业于清华大学美术学院，师从柳冠中先生；美国伊利诺伊理工大学设计学院访问学者，合作教授Keiichi Sato。主持国家社科基金、教育部人文社科基金等省部级以上课题10余项，出版著述11部，发表论文50余篇。获2016青年长江学者、第十二届光华龙腾奖·中国设计业十大杰出青年、广东省第八届"省长杯"工业设计大赛钻石奖等。研究方向主要包括以用户为中心的产品、交互、服务与战略设计。

张曦

本硕就读于武汉理工大学工业设计专业，现广东工业大学艺术与设计学院在读博士研究生。参与国家社科基金课题1项，发表论文10余篇，多篇被ISTP、EI检索。研究方向包括以用户为中心的产品设计、体验设计和服务设计。

沈希鹏

2016年毕业于广东工业大学艺术设计学院，设计学硕士，指导老师胡飞教授。曾在导师指导下发表《基于SAPAD的整体橱柜设计研究》、《The Semiotics Approach to Chinese Kitchen System Architecture Design Base on the Cooking Activity》等多篇文章并被EI、ISTP、CSSCI检索。同年毕业后进入中国移动全网测评中心，负责中国移动全网互联网产品用户体验测评相关工作。

"设计未来学"的学科理论体系构建思路

姚民义

内容摘要：所有设计活动本身都是面向未来的行为，有鉴于设计学至今尚缺乏用于设计预测的涉及未来的专题系统研究，有必要建立"设计未来学"学科，形成系统的理论模型，用以指导设计教育教学以及应用到设计实践活动中去，而不再像是以往那样只用主观臆测的方式虚拟未来时段的设计趋势。在构建此学科的方法上，主要是参考业已成熟的未来学、预测学的理论和实践成果，以及系统论方法、信息论方法和控制论方法。本项研究是尝试先要初步建立"设计未来学"学科理论体系上的基本框架，以使其逐步形成一门正式的学科领域，然后走向成熟。

关键词：未来学 设计未来学 研究方法 价值

研究、探讨和预测设计未来则需要简要地提及未来学。"未来学"是研究人类社会未来的一门综合性科学，是以事物的未来为研究和实践对象的科学，对科技和社会的发展方向作出动态的研究，探讨选择、控制甚至改变或创造未来的途径，研究范围涉及各个领域，德国社会学家弗勒希·特海姆（Ossip Flechtheim，1909—1997）于1943年首先提出。未来学起初在欧美得到发展，并相继发展出"教育未来学"等分类学科。在我国，在1980年代初期才开始对此进行介绍和研究，近年来陆续有学者提出构建"军事未来学"、"医学未来学"学科等建议，并且已经初步形成了该学科理论体系。至今，国内外学界尚未产生有关"设计未来学"方面的研究信息。然而，设计学科的性质在较大程度上需要未来学的支持，以对市场趋势提供可靠的预测数据及分析，因为所有设计活动本身都是面向未来的行为。因此，很有必要建立"设计未来学"学科，形成系统的理论模型，用以指导设计教育教学以及应用到设计实践活动中去，而不再像是以往那样只用主观臆测的方式虚拟未来时段的设计趋势。

1 设计未来学建构的大致框架

关于设计未来学研究的对象，主要有几个方面：第一，是对设计的生产、产品成果及消费这三个方面进行研究。在设计生产方面，必须研究未来设计创作形式的变迁，以及创作过程的变革（如计算机辅助设计、虚拟现实技术和智能化3D模型打印为主要表达手段）；在设计产品成果方面，需要研究未来设计产品存在方式（如数字化设计的存储、应用和推广方式等），同时还要研究传统设计形式的变迁（如设计形式之间的融合与杂交），以及新的设计形式的产生等；在设计产品的消费方面，应研究设计欣赏方式的变革及设计作品销售方式的变革趋势。第二，要研究现代科技尤其是数字化、自动化和智能化对设计的未来发展的影响，它将会引起设计观念发生什么样的革命？它将把设计引向何种方向？设计的数字化生存与社会生活互联网、大数据时代的互动是如何进行的，等等。第三，要研究设计与其他社会子系统的互动，如设计与国家政策的关系、设计与经济的关系、设计与宗教的关系、设计与教育的关系以及设计与人们生活的关系，等等。第四，要研究设计这一子系统与人类社会大系统之间的互动，因而这种研究必然要使设计未来学与整个未来学联系得更为密切。以上这几个方面只是对研究对象的粗略划分，实际上由于以上这些问题都属于某个更大的系统，要么属于设计大系统，要么属于社会巨系统，因而当我们用综合思维进行系统研究时，就必然要将所要研究的每个问题与其他方面有机地联系起来，从而避免孤立地、片面地对待每一种设计现象。课题研究的重点是探讨如何有效地运用预测学原理对设计领域各个分支的发展趋势找到一些规律性的认识以及把握的方法。课题研究的难点在于国内设计学界一直以来在有关设计的未来研究方面的缺位而造成的该方面缺乏直接的学术探索与相关理论和实践上的参照。此项研究的主要目标是试图初步建立"设计未来学"学科理论框架，使其逐渐形成一门正式学科。

2 设计未来学构建的参考方法

设计未来学是设计学与未来学杂交的边缘学科，从设计学角度说，设计未来学必须有设计学所有相关理论的支持，而从未来学角度来看，它是未来学的一个分支，未来学的所有原理及预测方法和研究方法从总体上应是适用的，如趋势外推法、直觉外推法、情景描述法及综合信息系统法等，这些研究未来的方法对设计未来研究都是行之有效的，具有很强的可操作性。设计未来学的研究方法，遵循未来学中过去、现在、未来"三点成线"原理，在广泛收集设计学科及与之相关或潜在相关的各学科技术过去和现在的代表性成果的基础上，撇开各个技术领域中的具体技术细节，着眼于宏观格局，经过归纳、整理和分析、研究，通过揭示"现象的相互联系和发生原因"以及"决定未来发展动态最重要因素"，预测其大体发展趋势以及未来可能产生的成果，论证这些成果应用于未来设计的可能性和应用设想，并运用"未来学"中关于未来人类社会的预测成果，勾勒出未来设计的大体模式及其对未来人类社会生活将会带来的影响以及相应的预备对策，其中包括近期预测、中期预测和长（远）期预测。

3 设计未来学的研究方法

设计未来学的对象是设计的未来及其规律性。设计的未来是指迄今为止尚不存在、尚未发生的设计，是设计发展过程中各种可能性的集合。这里的未来具有如下特点：①未来是一个过程，而且是不确定的。设计未来学把过去、现在、未来作为一个连续发展变化的动态过程，其中的未来也是一个过程，即现在是过去的未来，未来一旦来临就成为现在，而未来则被新的未来所取代，这就意味着未来总是罩有一层"面纱"，当"面纱"被揭开之后，就不再是未来了，即未来具有不稳定性，不时被刷新。这就使人感到对感知未来比之过去和现在要困难得多；②未来是可塑的。尽管未来是不确定的，但未来源于现在，是现实的发展趋势，是现实的潜在领域。当今的所有活动都会对未来产生至关重要的影响，特别是信息互联网技术的发展与运用对设计产生了更大的影响。因此，我们应努力将良好的可能转化为可行，积极地塑造未来；③未来是可变的。设计未来是一个可能性空间，其中有的是人们所期望的，有的则是人们不愿看到的，而且它们都会随着有关因素的变化而变化。这样，我们就可以对该空间施加影响，主动改变我们不愿看到的可能，从而通达预想的未来；④未来设计是可知的。只要我们掌握了研究未来的方法、基本原理和技术，是能够正确预见未来的设计。所以，借鉴未来学的理论、方法和技术，在此基础上建立设计未来学，将促进我们对设计未来的认识。

从设计的产生、发展以及未来看，一条根本性的规律就是设计应与其赖以存在的环境相适应，设计未来学研究设计未来及其规律性，就是要把设计放到环境之中去，从设计与环境的发展中揭示设计的各个方面的变化趋势。目前，学界在处理设计定位的时候，所采取的思考方式主要是两种：一是研究古代的设计，找到与现代设计的结合点；二是研究现代设计，思考表现古代设计要素的方法，思路还是局限在当下这个社会，使得这个局面难以平衡，而以未来学的观点看待设计，角度就会有所提升。我们站在当今时代坐标上，分析未来的发展趋势，然后预测未来，研究怎样发展到未来的方法。显然，这是两点一线的思维方式，有了"两点"，那条"线"就会清晰和明朗化。而依照以往的思维方式，则只有"一点"，那就有无限种可能，这就增加了研究的工作量。

在现代条件下，设计未来研究的方法有很多，主要有马克思主义的哲学方法，即辩证唯物主义和历史唯物主义的方法，如彻底可知论

观点、运动发展论观点、形态系统论观点、趋势概率论观点和革命实践论观点。又如矛盾的对立统一规律、量变质变规律和否定之否定规律，也同样是重要的预测方法。还有只能在未来研究领域内使用的专门方法，如趋势外推法、特尔斐法等。同时，还有一般的科学方法，如系统论、控制论和信息论的科学原理，还有直觉性、探索性、规范性、反馈性和结合性预测方法，以及规划性与非规划性相结合的预测方法等。涉及未来学研究的专门方法很多，在实际应用中，人们是不可能全部采用的。据有关资料介绍，目前世界上对趋势外推法和特尔斐法的使用率较高。可用于设计未来研究的一般科学方法也很多，但对设计未来研究有重要意义的主要是系统论方法、信息论方法和控制论方法。系统论方法是以系统为研究对象，从整体出发来研究系统整体和组成系统整体各要素的相互关系，从本质上说明其结构、功能、行为和动态，以把握系统整体，达到最优的未来趋势绝不是某一单独的因素所决定的，而是由对象系统内部各组成因素及其对象系统与其他系统相互关系的状态决定的。从总体上看，设计未来研究中的系统论方法就是把设计未来所要研究的对象作为一个系统，从整体上考虑问题，达到预测的科学化、精确化。信息论主要是研究信息的本质，动用数学理论来研究描述和度量信息的方法，以及传输、处理信息的基本原则。

设计未来研究，是要通过把握反映未来趋势的信息，并根据这些信息制定对策的过程。对未来设计预测的过程也就是一个收集信息和输入信息，并经过预测技术的处理、分析、加工，然后输出预测信息的过程。离开信息，设计未来的趋势无从把握，对策也就无从谈起。设计未来研究是一种综合性的研究，涉及的因素很多，因此，既需要现成的信息，又需要潜在信息。设计领域是一个极复杂的领域，反映这一领域动态的信息也特别庞杂，要精确地把握与这一领域有关的信息，同时还要宏观地把握那些对未来设计影响大的信息，而不是枝节末叶的信息。定性分析和定量分析是设计学研究的两种基本方法，也是设计未来学研究的基本方法。定性分析和定量分析是贯彻于设计预测的全过程的两种不可分割的预测分析，但是由于其使用的预测方法的不同，它们的适用范围和对象也是不同的。比如，在缺乏历史统计资料而预测因素又非常之多的时候，用定性分析为宜，反之，如果数据资料比较完善，问题本身也易于量化，则用定量分析较好。传统的设计预测，主要是凭借经验的定性预测，考虑到今后设计方面问题的日益复杂化，以及现代科学技术尤其是预测技术的迅速发展，必须运用数字化技术等现代手段进行大量的定量分析。但是另一方面，在强调要定量分析的同时仍要强化与发展定性分析。这是因为：首先，设计是一个极其复杂的领域，消费市场则更被人们称为是最难以捉摸的世界，设计预测中存在着大量的不确定性和内在随机性，这是目前系统科学与非线性数学所不能完全解决的；其次，设计预测涉及人、产品、环境等诸多因素，特别是其中的人，如个人的意志、消费心理、

价值取向等都是无法量化的，既能使部分量化，其内在的随机性又能使原来的数学模型失效，因此，片面地强调定量分析是不合适的。在设计未来学研究中，定性分析应该同定量分析有机地结合起来，即在定性分析指导下进行定量分析，在定量分析基础上再进行定性综合，以得出正确的判断和结论。

4 设计未来学的价值

设计未来学的价值，可以从强化未来观念及服务规划决策两方面阐述：一方面，当代设计面临的两难局面，即在传统文化和现代设计的夹击中的两难，若只是关注传统文化，则很容易走向复古的道路，由此产生的产品甚至会显得与时代脱节，而只关注现代设计却会使我们的文化特征丧失；另一方面，以未来学理论为研究的理论依据，就可以以一个前瞻性的视角，站在未来的角度看待目前依然处在混沌状态中的事物。设计未来学研究的应用价值分为直接作用与间接作用两个方面：直接作用是在于它可以为设计管理、设计教育等部门提供决策的依据，为设计生产部门提供计划的依据，对于设计者能够为他们提供各种设计发展动态，帮助他们把握好设计的方向，还可以帮助设计成果消费者选择最适合的成品，并提示消费潮流；对人们产生的间接作用范围较广，它可以向人们提供未来社会更全面的情景，从而有利于人们对未来的整体把握。

设计未来学既是一门理论性很强的社会科学理论，同时又是一门具有高度适用性的学科，具有实用性和实践性，因此，该项成果的使用对象主要面向设计行业的管理部门、设计从业人员、设计院校系科的师生和市场趋势研究人员，能够使他们对未来设计的发展有所理解和把握。

参考文献

[1] 恩格斯. 社会主义从空想到科学的发展，马克思恩格斯选集第3卷[M]. 北京：人民出版社，1972.

[2] 贝尔. 后工业社会的来临[M]. 商务印书馆，1984.

[3] 沃尔什. 历史哲学导论[M]. 北京：中国社科文献出版社，1991.

[4] 沈恒炎. 未来学与西方未来主义[M]. 沈阳：辽宁人民出版社，1989.

[5] 罗马俱乐部. 增长的极限[M]. 成都：四川人民出版社，1983.

[6] 布·史沃兹等. 未来研究方法[M]. 长沙：湖南人民出版社，1987.

[7] S·M akridaks. 二十一世纪的预测研究[J]. 预测，1992（1）.

[8] 姚民义. 未来生活方式的预言与畅想[J]. 新闻爱好者（理论版），2007（08）.

[9] Nicholas Addison, *Issues in Art and Design Teaching*, Routledge Falmer. Longdon and New York, 2011.

[10] S·史丹特斯. 系统科学与技术社会的未来[J]. 未来与发展，2014（1）.

姚民义

1990年毕业于中央工艺美术学院工业设计系，获授文学学士学位，现在郑州轻工业学院任教。家具设计《倚墙架》于2007年荣获"中国首届金属玻璃家具设计大赛"优秀设计奖。2012年毕业于中央美术学院设计学院，获设计艺术学博士学位，研究方向为现代设计与设计教育。2013年6月出版专著《德国现代设计教育概述——从20世纪至21世纪初》（设计类研究生设计理论参考丛书，中国建筑工业出版社）。

"道器论"与《道具论》对现代设计理念的启迪

杨向东　魏庆同

内容提要： 本文是《浅谈日本"道具论"与中国之"道、器"》一文的续篇。文章是从日本GK集团的设计理念所本之"道"出发，论述了日本的"道具"与中国"道器"的异同，提出"孔德之容，唯道是"和"道法自然"是现代设计理论的生命线，认为香山会议叩响了取法自然的洪钟，建议从道器、道具的生命，神授之子的灵肉结合，天赋人为的广大智慧及器、具的异同互补等四方面深入进去，努力创造广义的现代设计学。

关键词： 道　道具　道具论　道器　器　具　形　自然　仿生学　设计学

由尹定邦教授主编、杨向东等翻译的《不断扩展的设计——日本GK集团的设计理念与实践》一书出版后，"道具论"作为日本GK集团的重要设计理念，开始在中华大地传播与交流。从文字与词义的本源上讲，生气勃勃的现代日本"道具"同中华传统文化之"道"和"道器"，显然有着传承、创新、今古贯通和同异互补的辩证关系。认真研讨这些既古老又新鲜的内容，对发展现代设计理论起着积极的作用。

道即规律。一切事务都是人的所作所为，都是人从事和致力的事情。毫无疑问，人的所作所为都有思想指导，都讲一定的道理，都遵守某些规律。一句话，人的行为都受"道"的支配；一切事务都有"道"的灵魂。"道"只有通过事务才能赋予自在之物或人工物以可用的意义，"道"只有通过事务——也就是通过人，才能渗入事物，才能使事物具有"道性"和"人性"，使事物（包括器、具）有了心、有了生命、有了价值。这同日本GK集团的设计理念恰是不谋而合的。显而易见，中日在"道"、"器"、"道具"等方面是有共同语言的。区别在于"道器"包含一切自在之物与人工物；《道具论》研究的只是工业设计的对象。当然，这个差异丝毫不影响哲理上的一致性。

《道德经》第二十一章说："孔德之容，唯道是从。""孔"是大的意思。大德的内容，全是由道决定的。

前已述及，在"道器论"与《道具论》中，"道"是精神，是思想，是指导原则，是必须遵从的客观规律。道为器（具）之神，器（具）为道之形，道为器（具）之思，器（具）为道之用。神也好，思也好，一切设计，一切神思，无非都是以德惠人，以"唯道是从"的孔德造

福于人，这样，道与德都必须落实在产品、商品和用品上；体现道性与德性的优秀设计，必须利用科学技术的能力，转化为通向生活之路的道具，转化为有事务、有人心、有生命的器具，转化为人众的福祉与社会财富。

归根结底是一个"道"字，工业设计必须唯道是从。

然而"道"的背后是大自然和人类社会——统称之谓"自然"。道来自自然，道取决于自然，一切客观规律都本于自然，本于物质的运动变化。中国古代思想家老子经过长期观察与体验之后，以其大智大慧提出了"道法自然"的经典语句。"道法自然"就是一切规律都要取法自然、效法自然、师法自然；规律源于自然，规律必须学习自然、了解自然、反映自然。老子这个名句是唯物主义的，是指导人类精神活动与物质活动的原则，当然也是工业设计必须遵从的最高原则。

香山科学会议叩响了"道法自然"的洪钟。

2003年下半年，国内科学领域层次最高的研讨会香山科学会议给了仿生学两次研讨的机会。第一次会议主题是童秉纲院士申请的"飞行和游动的生物力学与仿生技术"。第二次会议是在路甬祥院士建议下召开的，主题为"仿生学的科学意义与前沿"。会议的执行主席、中科院上海生命科学院植物生理生态研究所的杜家纬研究员介绍说，生物界经过亿万年的进化，形成了许多卓有成效的导航、识别、计算、合成与分解和能量转换等完美的生命体系，其小巧性、灵敏性、快速性、高效性、可靠性和抗干扰性等优点令人惊叹不已。人类可以在生物界本身和大自然中去寻找、学习和模仿，从中找出解决目前人类科技发展面临的诸多问题的答案和方法。

据杜家纬研究员介绍，路甬祥院士在香山会议上说，仿生科学正朝着微观、系统，智能、精细、洁净的方向发展。加强和重视仿生学研究，可能是提升我国原始创新能力的一个重要方面。人类进化只有500万年的历史，而生命进化已经历了约35亿年的历史，模仿人的创造固然重要，模仿自然更有无限的潜力和机会，更有可能提升原始创新的能力。

这就表明，科学、技术、工业设计，都在"道法自然"的道路上迈开了新的步伐。这也许是具有自我意识能力的"自然"的二次进化，是人回归于自然并与自然一体的进化，是人与自然从对立转为和谐相处的进化，是一日千里的进化。

《道具论》和《不断扩展的设计日本GK集团的设计理念与实践》，以及由此联想的"道器论"，对广义的设计理念，对提高工业设计素质，均有一定的启示或启迪，主要有下列四点。

1. 道器或道具的生命

从本质上说，一切设计都是为了人。任何商品变成用品后，即同人的生活及人从事的生产活动、社会活动息息相关，用品融合于人的生活道路与生命活动，人的思想感情与活力便注入、渗入、融入用品，用品（或器具、或道具）便有了心，有了生命。人们常说"得心应手"，得心才能应手，设计者深得人心则设计得心应手，消费者所购物品"深获我心"则用起来得心应手，从设计到使用，这两端的心心相印，全靠用品（道具）之心，用品（道具）的生命活动搭接与疏导了两端的心神相通。

这是首要的设计理念，是工业设计之魂。

从"道、器"论来看，不仅用品、器具、道具才有生命，任何物品、任何存在，只要沟通人与自然之物互相认识、互动与打开对话的通道，"物"就有了思维，有了生命——这对无限的自然当然是永远不可能实现的，但对一件件具体之物，却在一步步地实现。例如，生态学家科学地认识了八百里滇池，昆明人关心、体贴、尊重、爱护滇池，滇池便因人而有了生命、有了感情，有了回报的爱和回馈的利；有了受到伤害时的呻吟、病痛和愤怒、抗争与报复。滇池是一位智慧的、绝美的、善良而正直的女神，人类敬爱她、善待她，她便体贴人、关爱人、养育人、教育人。这便是人与物的生命共享和精神沟通，有了活生生的人，怎么好意思说"物"是没有生命的东西呢？总之，大自然为了自己才成功地创造出人脑这样神奇的物质形态，大自然整体便有了生命，大自然的一切组分理所当然有心、有生命。

2. 设计是产业的神授之子

"设计是产业的神授之子"，这个"神"不是有神论之神，而是理念、精神之神，是规律，是"道"。人的生命在大脑，产业的生命在设计。一个缺乏头脑、鲜有创新理念的产业，注定失去了"神授之子"，因而没有灵魂、没有生命力；得道者多助，失道者寡助，"道"就是神授，就是灵魂，就是生命。

《易经·上经》第二十卦说："观天之神道，而四进不忒。对人以神道设教，而天下服矣。"忒，差错，春夏秋冬四时变换，从来没有差错，谓之"四时不忒"。这个圣人以神道设教之"神"也不是神仙的神，而是"四时不忒"的自然规律，包括神奇的已知规律，包括神秘的未知规律。神道即是道，神奇之道，神秘之道，以道治天下，天下服矣，以道设计器具、道具、物品、用品，则产业、商业、事业天下服矣。此乃根本的设计理念。

道为器之神，道为具之思，器为道之形，具为道之用。道器或道具对广义设计的启示，在于道器统一，形神兼备、灵肉结合；任何商品，如果仅有躯壳而失去灵魂，便会一钱不值。

已知规律是有限的，未知规律是无穷的，未知规律不因人的无力认识而不起作用，未知规律总要表达出来，总要起作用。敏锐观察事物变化的人，可能感觉到神秘的表达、神秘的作用。正是这些说不清的神秘，才具有最大的市场魅力与商品价值，才是产业的神授之子的灵性所在。

这是一个敬畏"未知与无限"的特别设计理念。

3. 天赋人为

中国古代道器论与日本现代道具论的哲学意义是完全相同的。前已述及，道与器、道与具的关系，都是精神与物质、观念与存在的关系，如果把研究、设计、生产、销售与使用的全过程考虑进去，则"道"与"器"、"具"的关系，也是理论与实践的关系。

具有创新思维与设计能力的"人"，在"道"物化为"器、具"的过程中，究竟有多少主观能动作用呢？究竟有多大的作为呢？大家都知道，"道"，只有通过人的设计、人的制造、人的买卖、人的使用，才能转化为得道之器、有道之具，这就表明，"人"的作为实在是太重要了，难怪日本学者断言"道具是为了满足人们的愿望""根据人的意志创造出来的""是人类智慧的结晶"。其实，这个认识虽有一定道理却需待延伸，因为人人"头上三尺有青天"，天上有"道"，"道"上有"自然"，人的主观能动性，人的创造乃至灵感，人的所作所为，都要遵守规则、遵从规律，都要受制于天，受制于道，受制于自然。特定时空中普遍的因果联系和制约，决定了人的正常选择与作为，人的多谋寡断、犹豫不决，想入非非、自由意志，都是对"道"的无知、试探、摸索与找寻；违反天道、触犯自然必有恶果，顺应天道、道法自然才有自由。总之，只有天赋，才有人为；这便是工业设计、商品设计、不断扩展的设计和广义设计的根本指导思想。

人是社会关系的总和，为了自由，就绝对不必反感"受制"二字。

我们就是要受制于无限广大之道，受制于唯物辩证法之道和科学发展观之道；"受制"才有主动，才有自由，才有创造，才有成功；道法自然，取法、师法、效法自然，是整个人类世世代代的任务，一个人在这样无边无涯的大海中能自由自在地游泳，才是最大的幸福。

4. 器、具的同异

"形而下者谓之器"的"器"，与日本道具之"具"，都是"道"的具体表现形态。在民间日用品中，器、具都是上手的东西，如锅碗瓢盆叫容器，刀叉筷子叫食具，但作为物品，则没有什么界定，如道器、法器、武器、机器都是器，汽车、轮船、飞机都是运输工具。这些都属于常识问题。

但是，从道器与道具的原意上说，器与具的概念是有差异的。中国的器或具，是"形而下"的一切具体的物质形态，包括山川林木、江河湖海、花草鱼虫、狼虫虎豹，当然也包括各种人造器物；日本的"具"则仅指人工物品。

日本GK集团着眼道具的"具"性，曾经给道具作过如下的定义：

"道具在人工物当中，如同一个生物个体一样有自己的界限和自律性，所以可以自由地改变自己的位置，即使移动也不改变功能具有的普遍性，是一个自我完结的、成为个体的一种人工物。"而荣久庵宪司和野口琉璃则认为"道具是用来增强人的力量，提高文化和社会能力的所有加工品"，他们说，"为了加入'具'性，把它看作'加工品'当中，具有自我完结且可以移动的物品"也许更好一些。[1]如果以此精确的"具"义，充实完善模糊的中国之"器"义，或者倒过来说，用"自然"的"器"字，延展人造的"具"字，我们可不可以超越工业设计的六合之地，把一切人为设计、为人设计的对象，包括机械制造方法、理化方法、生命科学与生物技术方法，乃至社会运动形态的规划设计方法所指涉的事物，统称之为"道器"？同理，日本可否把克隆技术、基因工程等生物技术的产品——"自然"受到人工干预后的产品，如转基因动物、转基因植物等，也包含在"道具"的概念中？器与具的差异能否趋于同一？

中日之间道与道的差异，器与具的差异，反映了两种文化的差异。合理的做法只能是：正视差异，互相学习，取长补短，扩大设计。中国传统文化博大精深，日本现代文化实在具体；中国之"道"诙宏和谐，日本之"具"精巧可人。完全可以期待的是，两种文化有可能在相互交流中融合与互补，有可能在共同争取和平的环境下，共同构思广义的现代设计理念和创造广义的"道法自然"的东方设计学。

参考资料

[1] 荣久庵宪司，野口琉璃，伊坂正人，黑田宏治著. 不断扩展的设计——日本GK集团的设计理念与实践. 杨向东，詹政敏，詹懿红译. 长沙：湖南科学技术出版社，2004，10.

[2] 宋元人注. 四书五经. 天津：天津市古籍书店.

[3] 纪昀等原撰. 齐豫生，夏于全主编. 四库全书新编. 延吉：延边人民出版社.

[4] 刘世昕. 香山科学会议三个月两度聚焦仿生学. 中国青年报，2004.

杨向东

广东工业大学教授、艺术设计学院前院长。1987—1989年作为高级访问学者赴日本千叶大学工学部工业意匠学科留学，现任广东华南工业设计院院长、教授。担任中国工业设计协会常务理事、广东省工业设计协会副会长、东莞市创意设计协会会长等。为企业成功设计开发产品80余件，著作8部，主持完成各类科研课题30多项，曾获轻工总会工业设计二等奖、科技进步二等奖，2011年获首批中国工业设计十佳推广杰出人物。

魏庆同

兰州理工大学教授，著名机械工程技术专家，原甘肃省科委主任、科教文委主任。20世纪70年代，创造了"金属切削刀具切削角度的1234分析法"，主持全省先进刀具推广活动，出版了多部刀具专著，被授予"全省职工技协先进工作者"称号，1977年出席了全省科学大会。1978年参编《机械工程手册》；主编全国高校试用教材《金属切削原理及刀具设计》。1980年发表《论我国早期的刃和刃具》论文，被收入中国《科技史文集》。早在1978年即着手试验研究断裂技术，1982年，这项利用裂纹尖端的奇异性和失稳扩展实现应力断料的原创型成果取得突破，1983年，获机械部科技进步一等奖和甘肃省科技进步一等奖。1984年被授予首批国家级有突出贡献的中青年科技专家。1988年，任省政府副秘书长兼科教文卫主任。1990年主持的国家计委攻关项目"裂纹技术原理与应力断料系列机(具)"通过国家鉴定，结论为"是一项重大发明"。1991年任省科委主任、党组书记。1995年和1998年，当选为八、九届省人大常委会委员，任教科文卫委员会副主任、主任。共发表论文78篇；任中国科协三届全国委员会委员，全国高等工业学校机械制造(冷加工)专业教材编审委员会委员，中国高校金属切削与先进制造技术研究会名誉理事，甘肃省机械工程学会名誉理事长。

叙以物·言无声
——解析产品叙事设置的步骤与主题选取

张 剑

内容摘要： 利用产品自身具有向使用者传达各类信息的"叙述属性"，将具有主题性的事件以"文本"转换的方式加载到产品设计中，具体表现为产品的视觉形象以及使用体验等。产品叙事的方式具有明显的"设置"动机和特征，这种——首先确立叙事主题，其次选取产品作为叙事途径与叙事方式，最后对产品在叙事情节上的设置完成用户体验传达叙事主题的设置三部曲成为"产品叙事设置"的步骤组成。"观念"作为叙事主题的主体具有"时尚"和"传统"两类，叙事主题的"时尚观念"传达会随流行的削弱而消失，叙事主题的"传统观念"反而会在特定的事件下传达得到加强。设计师理应担负起对产品叙事主题观念的是非选择，这是其设计道德观的约束，上升到整个设计群体则是大众价值取向通过产品为道具的真实折射。任何产品都具有成为叙事设置载体的可能性，在合适的事件与主题条件下充当叙述者，因为作为产品感受体验的主体——人类自身，具有丰富而细腻的心理与行为体验，这些宝贵的认知感受成为叙事主题源源不断的素材源泉。

关键词： 叙事设置 产品叙述 步骤 主题选取

1 产品的"叙述属性"与"叙事设置"

产品的"叙述属性"与"叙事设置"是两个不同的概念，这两个概念分属于产品设计的不同环节，任务各异。如果将产品拟人化之后来看这两个概念，那么就很容易区分："叙述属性"是以产品自身为角色，主动地向使用者及用户传达设计目的与使用操作方式等各类设计信息的途径；"叙事设置"则是设计师将具有主题思想或故事情节的"文本"设置在产品上，与产品的造型、使用方式、使用感受有机结合用以故事表述，产品此时是被动的"被设置"角色。

1. 叙述属性：《辞海》对"叙述"的定义是"讲述、述说"，对叙述的解释更多地侧重于文学创作，在文学创作中的"叙述"方式常见的有倒叙、插叙等。"叙述"一词在产品设计中而言，则是趋向于产品自身通过各类设计手法与创意技巧将产品的使用方式、美学特征通过诸如产品语义设计、产品情感化设计、产品指示设计、产品风格化设计、产品行为设置等传达方式向大众表述的过程及步骤。由此可见，产品的叙述特征与文学的叙述定义在某种程度上有着共同的取向——

对"意图"的表述与传达。对于产品的叙述特征这里要强调的是，任何产品自身都具有叙述的属性，无论是设计师有意识地赋予产品需要让它传达的意图，或是产品自身所具有的属性特征（形态和操作所传达的产品原始心理认知属性）。将产品作为拟人的角色，它都具有将以上各类信息传达给大众的主动性和自发性。当我们站在产品使用者的立场，上升到认识论的角度看问题，不难看出产品叙述的过程实质是使用者凭生活经验与认识积累对产品信息的综合评价过程。

2. 叙事设置：就"叙事"的广义角度而言就是"讲故事"。在产品设计中"讲故事"可以泛指产品设计的各类表达主题：用材质及元素传达传统文化、用语义将产品与自然形态进行外在内在的融合，通过产品的使用过程得到预定的心理及行为体验，等等。我们这里所讲的"叙事"是在以上泛指的各类表达主题范围内具有故事情节与表述步骤的"叙事"特指。它强调了使用者与产品间完整的非物质特性的信息交流过程，因此"叙事"不再像"产品语义设计"、"产品形态设计"等那样作为设计手法专指为产品的功能（物质功能与精神功能）服务。叙事的"故事化"结构特征，即——故事完整性被强调了。产品叙事要具有三大特征：①鲜明的主题，②故事情节，③发展步骤，这里的情节与发展步骤则被设计师巧妙地设置在产品的各个环节中，就如同电影戏剧般具有情节的起伏与故事的高潮及谢幕。"叙事"更具有"设置"中有意编排的痕迹，因此用"叙事设置"要比"叙事设计"更为准确贴切。

3. 产品叙事设置的主题与情节表述需要产品设计的"叙述语言"，即产品的各类设计手法来展示，这就是"叙事设置"与"叙述属性"的关系，换句更为直接易懂的话来讲，则是——"叙事"依靠产品的设计手法来"叙述"。由此可见"叙事设置"主题及情节的传达与产品的设计手法是密不可分的，它们会巧妙地安排在设计过程的各个环节，譬如形态的语义、操作的行为设置、个性化的设计风格等。

后现代主义崇尚对人文价值观的思考，人文思想重新回归设计，产品的叙事作用也在逐渐被夸大，但就目前而言，叙事依旧依附于产品作为展现的母体，大多借助产品的物质功能在使用中得到精神层面的体验。这款蒙有驯鹿皮大小不一的挂柜（图1）陈列于芬兰赫尔辛基港口的家具展示馆中，挂柜大小不一，成横排悬挂在墙面，柜门木质框架用北欧常见的驯鹿皮蒙面，蒙皮的柜门与柜体组成一个可以发声的空腔。我们可以注意到，在左侧架子上摆设有鼓槌，参观者可以拿起鼓槌敲击附有驯鹿皮的大小不一的挂柜，音色高低不等的"咚咚"声不绝于耳。"拿起鼓槌—敲击柜门蒙皮—听到不同音阶的'咚咚'鼓声"，这一连贯而简单的行为设置，完成了作者所要叙事的故事主题：将消逝的生命体，在产品中保留可以唤醒人们回忆其躯体的残留，设置敲击蒙皮柜门的行为——似击鼓，犹如庄严的祭祀仪式对逝去的生命发出虔诚的呼唤。

图1

我们也可以在一些国际设计大赛或是设计展中看到脱离产品的使用功能而独立存在的叙事设置，这类作品更趋于装置艺术或是行为艺术，虽有产品的外形或轮廓，但这也仅仅将产品作为叙事设置的道具而已。2012年9月"伦敦设计周"在伦敦维多利亚和阿尔伯特博物馆（Victoria and Albert Museum）展出了日本 Nendo设计事务所的《白椅子系列》（图2），作品以系列化的形式出现在博物馆的各个展区，这些白椅子由方形钢管与网状面构成，每个展区出现的白椅子组合都为我们带来视觉惊喜与设计思考，因为Nendo白椅的系列化叙事主题是将展馆的地形与椅子结合、椅子与环境匹配、椅子与椅子间的相互结构关系不断地以新的面貌展现出来，虽是单调的单元组合，但在这单调而新颖的组合中强调了椅子之间所可能发生的具有拟人化的"椅与椅"之间的许多故事，并一一叙述：似家宴般热闹聚会温馨的组合、犹如卫兵列队的庄严营阵、有大椅子与小椅子的父子携手、有单一的椅子与周边氛围营造的孤独守望，等等，这正是作者叙事设置的巧妙所在，此时的椅子几乎不再具有坐具的实际使用功能。由此我们也可以看到，创于1852年作为英国乃至国际装饰艺术收藏及研究领域最权威的维多利亚和阿尔伯特博物馆展示Nendo白椅系列的初衷，不是

图2

因为它是制作精细的系列化产品，而是这件系列作品将关于椅子的许多主题故事设置且呈现得如此巧妙，它们已经在设计的评价体系上脱离了产品的传统范畴。

2　产品叙事设置三步骤

1. 叙事主题：设计叙事是借助产品"讲故事"，与其他叙事方式有很大的不同，设计叙事是描述一个关于产品的视觉以及使用过程，以此引发预设的"故事"事件，这个事件不是一个客观发生的真实事件，它依赖具有主题思想的文本展开故事情节[①]。"主题文本"的设置是产品叙事的前提。当然，这个类似电影脚本般具有情节和主题思想、事件发展脉络的文本本身不会出现在产品上，这个抽象文本会通过各种具象的产品信息传递渠道来展现，也通常在产品的使用行为与感受中得到内心的真实体验。"文本"是为"叙事主题"而存在的，并自始至终为之服务，因此叙事主题的确定选择是文本设计的前提。叙事主题一般都具有鲜明的表述性，有的叙事主题具有哲学的思考特征。《时间的宫殿》（图3）是广州美术学院冯峰教授对陕西大明宫遗址再建项目的设计，这件作品具有鲜明的哲学思考的叙事设置特征，在解释这件作品创作目的的文章中，冯峰写道："首先，我们放弃了建筑的手法，不搭建，而是在指定的地点（原宣正殿、紫宸殿的遗址上）种植树木。在七十米长，三十多米宽，两千多平方米的宫殿位置上种

图3

植树林，然后，将茂密的树冠修剪成考古复原的宫殿形状，待枝叶茂盛时，宫殿的形象渐渐模糊、消失，之后再通过修剪的方式使建筑的形象重现。以一年为单位，周而复始，时隐时现……将以与自然最贴近的方式诠释关于大明宫的一切，我们把修剪树枝看成是一个怀念历史的仪式。其实它不是建筑，因为它没有一刻停止过变化和生长。它本身就是一个巨大的生命体。它更像是一部电影，一部播放一年的电影，但当下一场播放开始时，它却已经变成了上一场的续集……年复一年，周而复始，讲述着大自然的生长和历史的变迁。它是一个用时间筑就的宫殿，同时，用时间讲述着传奇宫殿和宫殿的传奇。"②

叙事主题应具有单一性的特点，分散的主题会带来认知的干扰和混淆，但也不排除几个相关的主题通过连贯的叙事设置技巧一气呵成。叙事的主题与所选择产品的关系应该是两者具有内在或情感等方面的诸多关联。至于产品叙述文本的编写就是我们接下来要讲的叙事设置的具体实施过程。

具有叙事设置的产品如果作为"商品"的名义销售的话，叙事本身是不参与消费活动的，但叙事设置给购买者带来的体验和欣喜会促进销售行为，同时会增加产品的附加值。因此，在现有产品中附加叙事功能是许多厂商都乐意做的事情。但有些产品标榜着附有深奥的思想和丰富的情节，但却以依赖宣传文案的方式出现：我们可以看到很多商场以及新产品展示发布会中的各类产品，在产品旁配上感人的视频与文字解说，来表明产品的叙事情节，这多缘于叙事在产品中失败设置和叙事设置的晦涩体验。叙事必须通过产品自身来传达，任何外部的文字图像说明和辅助行为都不属于产品叙事范畴，即使是为了营造叙事氛围，也与产品自身的叙事功效无关，这一点必须要强调。

2. 叙述途径与方式：正如电影的脚本通过影片剧情的发展，人物的行为对传达主题一样，产品的叙事文本则通过产品设计的各类设计语言与表现手法进行叙事主题的传达。产品叙事主题的叙述途径方式是多样化的，但归结起来可以分为以下几点：

（1）形象的解说："借物表意"可以说是此类叙述方式最为显著的特征，也是叙事设置最为常用的叙述手段。从产品的设计方法角度而言，此类叙述手段通常为"语义"设计中的"明喻"方式，形态间的相似与关联是最简单的"物与物"联接方式；以设计风格来谋求形态的"借物表意"也是此类的叙述手段，风格化设计永远是以独特的视觉形象区别与同类设计的最有效手段。总而言之"形象的解说"多以产品的外部形象塑造为叙述主题的途径。

（2）内涵的关联：揭示人与物、物与物之间的暗示作用和关联意义的主题叙述方式，叙事的"事件"与产品在形态上不具有相似或关联，但产品的功能及使用方式在内心感受方面与叙事"事件"的主题有认知体验的统一。语义设计的"隐喻"手法是此类主题事件叙述的常用手段。

我们会通过语义的设计手法来进行产品叙事设置，但要指出的是，并非所有的语义设计作品都具有叙事性，那些仅仅通过形态的关联为产品功能及操作服务的语义设计不能称之为叙事设计，设计叙事必须具有"叙述主题、叙述情节、叙述步骤"这三个必备的要素。语义作为设计表现手法仅是产品叙事活动的执行手段。另一方面，如果就"主题"本身在产品中的叙述目的作为区分"语义"与"叙事"的话，语义侧重"主题"对产品自身功能的强化，使得产品传达使用功效更具感染力；叙事则更关注"主题"如何在产品这一平台具有故事情节化的展现，直至使用者的认知体验与心理反应。对主题的认知体验，是"叙事"的最终目标，产品则退居为道具的角色。

（3）使用行为的体验：此类叙述方式更带有明显的行为"设置"特征。在产品的使用操作的过程中设置与叙事主题相关联，同时能够感受到叙事主题表述目的的行为或动作，让使用者在使用操作的过程中不自觉地以亲历者的身份参与到事件当中，完成心理体验，达到叙述目的。此类通过行为体验来完成叙事主题的叙述方式应归属于产品"行为设计"的范畴，"行为设计"是产品设计中新兴的表达手法，我们经常纠结于它应该被界定为"产品设计"还是"行为艺术"。2011年4月意大利米兰Tortona设计周的日本设计展位上有这样一个温馨而感人的行为设计体验，2011年的3月，日本遭遇地震引发的海啸，福岛核电站泄漏，整个国家笼罩在灾难的阴影中，以至于日本设计界参加米兰设计展的规模都受到很大的影响。在一个不大的展厅入口，日本馆设置了一个具有象征意义的募捐箱和赠品，当参观者投入硬币后，站在旁边的服务人员会发给你一个印有"Pray for Japan（为日本祈福）"的胸牌，同时会赠送你一透明塑料包装，里面有一个白色正方形，中心为红色，宛如日本国旗造型的糖果（图4）。当你含着具有象征意义的国旗造型的糖果观看日本馆设计的时候，依旧能感受到在灾难影响下的日本设计师们为我们呈现的由设计带来的丝丝甜蜜，而这真切的味觉体验也让我们看到，在灾难面前一个不屈的民族对生活依旧抱着甜美的乐观态度。由此例可见，我们不应该再花费时间去讨论"行为

图4

图5

设计"的归属范畴,正如我们不应该再去界定什么才是纯正的"产品设计"一样,思考并尝试如何将现有定义向其外延突破才具有真正的现实意义。

（4）经验认知的推理体验:叙事主题并没有直接地在产品的叙述过程中表露或是随着事件的发展而显现,但叙事主题的心理感受所传达的明显特征会随事件的发展而显露,并引起大众明显的情感反应,同时这种显露方式带着明显的心理诱导和体验动机。使用者会随着事件因产品的使用阶段变化逐步引发联想,并自觉地凭借自身的认知经验对其产生主观的判断。由丹麦设计师苏珊娜·赫尔特里希（Susanna hertrich）设计的"计时碎纸机（Chrono shredder）"（图5）,初看像是一件装置作品,一个红色的方形日历盒内,日历像卷纸一样通过盒子下方的碎纸裁切结构,将过去的每一天裁剪成细细的长条,绵延不断,被裁剪的日历如同被碎纸机裁出一般,堆积在地面,消逝的时光变得可视化,而堆积如山可视化的"时光"带来的认知体验是极为强烈的——时光不可逆转,所有的记忆如碎片,虽残留或消逝,但都如地面堆积如山的碎纸,真实经历过。该设计的特别之处除了大家可以看到的日历会随着时间的推移变成细碎的纸条外,更特别的是它的内置动力系统——永动,而且没有停止的开关——形象地表达了时间的无法停止。这些深切的联想与认知推断,是产品叙述的设计手法无法直接形象化呈现的,它需要凭借大众的认知经验得到哲理性的感悟。这时,叙事设置将主动权和判断执行力交给使用者来完成,而完成这个判断过程的关键依据是使用者的认知经验。虽然设计师尽可能地将叙事的主题在产品中设置得不会引起错误的联想体验,但对主题推理体验的准确度依旧会发生不确定性,因为由经验认知而进行的叙事主题推理体验需要特指的受众群体。这样一个特指的受众群体范围也符合产品设计的消费群定位原则。产品的消费定位人群与产品叙事主题的推理体验人群是一致的,或者说是同一类人群,这样在产品设计定位初期,产品叙事体验人群也已确定。

3.情节设置:叙事的事件在产品中的叙述步骤和结构框架,即如何让事件在产品的使用操作体验中具有节奏感和韵律,这是情节设置的主要目的。

（1）"布局"是叙事的情节设置中常用的手法,"布局"在此是动词而非名词,意与"设置"、"布置"同。"布局"是设计师在产品设计中特意安排或设定的一个引导方式,让使用者面对产品带有疑问或困惑,而这种疑问与困惑大多以不合常理或是反常规的认知经验、使用方式呈现,此时设计师并不急于在产品叙述中揭晓疑问的"谜底",而是激发使用者以探索和揭秘的心态,循序渐进地在实际使用产品的过程中体验并揭示答案。"布局"实则是设计师利用大众对"疑问"或"困惑"具有自我验证与解答的心理动机这一心理学原理来展开情节设置的。此类叙事情节设置通常结构较为简单:布一个"局",设置一个

"谜面",引导大众沿着指定的思维与行为路径自我验证解答"谜底",无须过多的情节设置,一对一地揭示谜底完成叙事主题传达。2008年笔者在南京艺术学院设计学院讲授《设计创意》课程时,曾经以"让凳子插上翅膀"为题,要求学生们对现有木凳做创意改造,陈菊香同学的作品(图6)是在凳子表面插满了具有构成感排列的小木柱,木柱大小不一,错落有致。当这张凳子展现在我们面前时,我们会自然而然产生是否可以坐在上面的有趣疑问。于是有些参观者尝试坐上去,惊喜地发现,丝毫没有被柱子戳到,原来在凳面下部盒子里,装满了海绵,所有的小木柱均与海绵连接,人坐在凳面,木柱就会缩到海绵里与凳面齐平。这件作品的叙事目的希望在视觉上产生是否能正常使用的疑问,当使用者用冒险的心态去尝试使用时,疑问立刻得到清晰的解答,这样的"布局"手法看似非常简单,对产品操作使用的困惑和质疑,通过诙谐的结构设计得到解答。这里要指出的是:"布局"的设置引导要遵循适度的原则,适度的原则根据具体产品的使用语境而定。如果这件轻松诙谐的坐具放在人流穿梭不息的地铁站,则会带来不良的后果,正如我们在不该开玩笑的场合开了一个不适宜的玩笑一样尴尬。

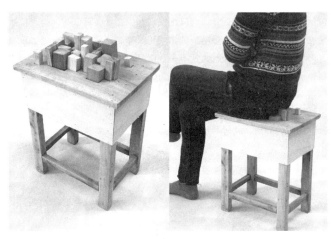

图6

(2)转折性的情节设置,具有"避主题而言他"的明显特征,通过叙述与主题不相关的故事情节,从侧面牵引或是烘托出所要传达的事件主题。这需要极为巧妙的文本构思与情节设置技巧,因为对非主题事件的叙述很容易产生思维的误导,以致传达错误的信息。这类"避主题而言他"的情节设置还有一个比较明显的特征就是,叙事主题单一且易懂,产品使用行为与情节结构相对简单,只有这样才能通过对"非主题事件"的叙述很便捷地转向"主题事件"的本意传达。有这样一件很简单的设计,《Fresh Scent(新鲜的味道)》(图7)一个附有当天天气预报的牛奶盒获得了2004年名古屋国际大赛的金奖,它是由湖

图7

南大学研究生邹方镇设计的,设计师为了叙述牛奶是当日生产的,是"最新鲜"的这一叙事主题,则道选取了在牛奶盒顶部附加"当天"天气预报的情节设置,这一设置或许会被大多数人认为是多余和无用的功能附加,因为任何人将头伸出窗外都可以知道当日的天气,这看似无用的当天天气预报的功能附加恰恰具有极强的时效性;天气预报是"当天"的与牛奶是"新鲜"的这两个概念在"时效性"的表述意义上达到了一致性统一,"时效性"是链接两个不同概念的纽带。具有转折性的情节设置,在叙述事件的过程中情节结构有了明显的方向转折,随着叙述转折的变化,叙述主体也相继发生了改变,能让这种改变不会成为误导而是惊喜的唯一条件就是两个叙述主体在叙述各自主题的路径上必须具有汇合的"交叉点",在汇合处的交叉点展开转向,思维才能引导到最终需要叙述的事件主题上。这让笔者想起了对车内卫生环境非常讲究的上海出租车司机,他们都备着印有从星期一至星期天的七张乘客位的座套,雪白、一尘不染,换上与当日星期相对应的座套去迎接每天的清晨,这已是上海每位出租车司机的习惯。出租车司

机们每天更换星期对应座套的行为是假借对乘客日期的提醒，实则在传达对清洁的讲究。这与上面的《Fresh Scent（新鲜的味道）》牛奶盒有着对主题异曲同工的叙述方式。

（3）多情节，跌宕起伏的设置方式。在情节的结构上具有节奏变化，起起落落而不落俗套。这类情节的设置方式大多是有"步骤"的，且步骤的设置感较强，也就是说，产品行为设置不再是单一类型的动作，具有多种场景或使用体验，但通过纵向连贯的使用顺序串联成完整的叙事情节主题。这类情节设置不同于上面所讲的"布局"式情节设置那么简洁，虽然也有一步一步的"引导"，但没有"布局"式情节设置那样具有明显的"猜谜"和"解密"效应。美国工业设计师协会组办的每年一届的IDEA国际设计大赛，在2011年学生组获奖作品中有一件由印度DSK ISD设计学院学生马高克斯·汝阳特设计的《陶罐与树》（图8），此作品是一个极具大胆创意的骨灰盒设计，目的为了降低失去亲人的创伤感，同时将思念进行"可视"的转化。当亲人离世遗体火化后，将骨灰收集放入设计的陶罐，家人在哀悼仪式过后将陶罐带回家中，在陶罐中央环形的位置种植上树苗，待树苗渐渐长高后，再将陶罐与树苗一起移栽到庭院的空地中，随着树苗长大，根系会顶

破陶罐底托深入地下，只有刻有逝者姓名的陶罐环形白瓷顶部环绕着树干保留在地面，视觉上似肃穆的墓碑。我们可以清晰地看到，这件作品的叙事主题在情节的设置上安排了连贯的动作：收集骨灰装入陶罐—哀悼的仪式—在陶罐中种上树苗—树苗在陶罐里成长—将树苗连同陶罐移植到庭院—树苗长大后根系深入泥土—刻有碑文的陶罐顶部平卧在地表成为碑文。此系列动作虽属性各异，但都围绕着"种植"这个主体行为展开，这些动作不仅温馨优雅，同时融入了肃穆神圣的仪式感。我们并不会因为动作的各异而对叙事主题的传达感到支离破碎；相反我们会惊叹于设计师将"哀思"这一虚化的情愫转化为对现实物体"树苗"成长的情感转移。这也许缘于作者所在的印度佛教中信奉的"轮回"与"不灭"的宗教理念。对这件作品的评价正如大赛评委嘉丽·罗塞尔所讲的那样"只有绝对的情商才能表达得如此简洁而优雅，满富诗情又撼人心腑。"[3]

（4）情节的附加设计往往附带有使用行为的附加。在产品常规的使用方式基础上附加情节或是对使用行为的方式延伸以寻求新的突破点，以达到延长产品使用感受的递进体验效应。在2000年日本名古屋国际设计比赛中有一件名为《扫落叶碎纸机》（图9）的作品获了金奖。碎纸机是简单的方形，两端各配有一支架，作品的有趣之处在于，在碎纸机的刀口处做了设计，经碎纸机切削的废纸会变成树叶的形状飘落在地面，碎纸如落叶般唯美的情境正是作者所要叙述的设计主题。此时我们会困惑于设计师为何不在碎纸机底部设计一个承装碎纸的容器，反而让碎纸肆意地飘落满地，为什么要让我们亲自去清扫掉这些飘落满地的碎纸？但当我们生临其境，拿起扫把清理"落叶"时，才真切地感受到在秋季的花园里所能感受到的动作，加深了对碎纸机"落叶"主题的体验，此时附加的"扫落叶"行为，才真正是这件碎纸机

图8

图9

作品完美的设计谢幕。

3 叙事主题的选取依据

3.1 明确大众为受体的叙事主题选择原则

我们在此讨论的是"产品设计"而非其他艺术表现形式,产品设计中一切叙事心理体验必须符合服务对象的心理。有时一些设计作品为了故弄玄虚设置具有超现实心理感受的叙事主题,或是以另类、不合常规的心理体验方式达到哗众取宠的社会宣传效应,这些是不符合作为产品为承载载体的叙事要求的,因为产品最终要通过"商品"这一身份走向大众,而非是背离大众,即使带有实验性的产品设计或是以会展为目的的设计创作,面对的受众都是大众这一普通群体。

法国心理学家古斯塔夫·勒庞认为:大众群体所能接收的观念有两类,第一类是"时髦的观念(时尚观念)",它会随环境的影响而产生,时尚观念有众多的追随者,但很难具有持久性。第二类观念较第一类有很强的持久性和稳定性特征,这类观念称之为"基本观念"。基本观念更多趋向于道德观念,具有稳定而长久的遗传因素,这类观念可以成为维系社会稳定和个人追求自我实现价值的精神支柱。在勒庞研究的大众心理学理论中还提到:大众更多时间是依赖具体形象来思维的,想要一个观念对大众群体产生影响,必须为其披上形象化的外衣。这与产品的叙事设置寻找适合的产品作为道具展现主题的操作方式不谋而合。对于大众所能接受观念深奥与简单的论述,勒庞在他的大众心理学论著《乌合之众》中写道:"只有简单而明了的观念,才能被群体所接收,然而并不是所有的观念都是简单明了的。想要让它更容易被群体接受,就要对其来一番彻底的改造,使其更加通俗易懂。特别是那些高深莫测的哲学或科学观念……这种改造有的时候大一些,有的时候小一些,但是无论如何,改造的方向都必须是通俗化和简单化。"[④]

3.2 产品叙事设置的生命力只能存活在特定的语境中

就如同任何产品设计的用户群定位选择一样,产品叙事设置的体验人群也是存在于特定的范围和群体。如果没有看过美国导演伊利亚·卡赞在1951年执导的影片《欲望号快车》,也就不会了解著名女演员费雯丽在剧中扮演的布兰奇小姐这一角色的性格特征,那么也就更无法知道1988年日本设计师仓俣史朗根据此影片所设计出的《Miss Blanche Chair(《布兰奇小姐椅》)》(图10)的叙事用意。椅子主体用透明亚克力灌模浇注成型,浇注时在模具中放入许多鲜艳的红色人造玫瑰,花朵呈漂浮状,无序但非杂乱地展露出虚幻的意境。作者所要叙事的主题是以永不凋谢的绽放玫瑰表达对"布兰奇小姐"的记忆与致敬,也是对生活在虚幻之中如布兰奇那样的人们因无法正视现实而感到的无奈与哀伤,而这哀伤情节随椅子中飘舞的玫瑰将观者的感受

图10

体验联想到埋葬逝者时抛洒的鲜花,不禁让我们的脑海中浮现影片最后:布兰奇被疯人院的车接走时的故事结局。对已逝去青春的祭奠与逝者的祭奠以飘洒的玫瑰达到了心理体验的契合与共鸣。当然,没有看过《欲望号快车》这部影片是不会对《布兰奇小姐椅》产生如此的心理体验和感受,这也验证了产品的叙事受众具有特定的所指性。

如果按照年龄、受教育程度、地域差异、性别差异、共同经历喜好等作为叙事体验横向选取的范围界定,那么社会道德价值观随历史的发展而变化则是影响产品叙事体验的纵向因素。尤其那些按照古斯塔夫·勒庞分类的第一类观念——"时髦的观念",会随时因为社会的变迁而改变,甚至会走向本意相反的方向。正如我们可以看到当下国内的部分设计师在热衷于以"文化大革命"时期的一些题材为元素,将其运用到现代设计作品中的尝试。尤其在北京的798艺术中心,此类作品甚多。如果是对历史观念价值的再叙述,必须应该对其进行适合当下的时尚化改造,时尚化改造不是要将原有的历史观念彻底推翻或是变得离经叛道般摩登,而是要符合当下大众的心理感受和价值取向标准,按照当代大众的认知体验标准与产品结合,这是改造历史观念并在产品叙述事件中运用的有效方法。

3.3 与时尚观念及社会事件结合的时效性叙事选题

(1)时尚观念

大众容易被时尚的流行观念影响,具有盲目跟随的不理智心态。时尚观念具有很强的时效性,当博得大众兴趣点时,时尚观念所传达的价值观会得到炙热的追捧;但同时,时尚观念可能因大众不理智的体验导致非理性的认知反应,这也是时尚观念与传统观念容易经常产生对立面的原因之一。利用时尚观念作为产品叙事的主题非常容易在

此观念流行期间被大众认可，但随着时尚观念流行期的消失，产品的叙事主题也会被认作"过时"或"不合时宜"的，甚至传达主题时会因为"不合时宜"导致意思的偏差，可见时尚观念的叙事主题生命周期是随着时尚观念的流行而流行，随其消亡而消亡。尽管时尚观念具有很短暂的生命周期，但在现实的产品设计中，尤其众多生产企业都会千方百计地抓住时尚观念的流行趋势，将其作为叙事的主题加载于产品上，此时，时尚观念成为炙手可热的的商机。

（2）社会事件

突发事件或热门事件会调动起大众的兴奋情绪，从而引发大众以"基本观念"的价值评判标准对其作出心理认知反应。这样的评判多少带有偏激的情绪化，但无须担心的是，大众会以"基本观念"中的价值标准作为评判事件的准绳。对事件的情感体验，诸如：同情、憎恶、喜悦、哀伤等大众所能表现出的各类内心活动都会借此展现。如果这时，在产品上加载具有社会事件的叙事主题，则会引起很强的大众心理共鸣，大众也会出于渴望的目的对事件本身以各自价值观作出主动评判，并参与到产品叙事活动中来。国际西联汇款公司在全球各地的业务银行设立了旨在为2004年东南亚海啸灾后斯里兰卡重建项目的募捐箱（图11），募捐箱正面为斯里兰卡的地图形状，由密封的透明亚克力制成，内部装有从当地收集来的海水，地图造型的募捐箱侧面有一小管伸出并与内部水面连通，小管下方桌面设有一个盛海水的水杯。募捐箱上端开有投币口，将硬币投入盛有海水的募捐箱，水面会有微微提升，多余的海水会顺小管流出，流入杯中。众人投币爱心捐资的行为体验可以转换为真切的视觉体验——看到一枚枚钱币的投入将募捐箱里的海水渐渐排出，以此来表达叙事的主题，多一分的资助，被海水淹没的斯里兰卡重建项目就多一份希望。

社会事件作为叙事主题在产品设计中的运用也具有很强的时效性，时效的期限随事件的发展而变化，长期发展的事件会随其各阶段的关注度、热点效应在产品的叙事体验中得到延伸或加强，反之则随着大众对事件的遗忘而消失。

（3）叙事主题的内涵提升是设计师具有社会责任感的担当

信息化社会中的各种观念如潮水般涌向大众，大众更多的由之前对观念的主动探求转为对观念的被动接受，无论你是否愿意接受这类观念，它都会对你的生活产生某些方面的影响，就如同我们之前转述勒庞的大众心理学理论所讲的那样："时尚观念"夹杂着与非不确定的因素，对"时尚观念"的冲动接受和体验很难用"基本观念"中的道德标准衡量其对错，这就如同我们的网络传媒时下热炒的"屌丝"一词，明明是粗鲁猥琐的词汇但却在最近的某个电视台成为采访路人的谈资，我敢确定地断言，再过若干年我们绝对会因为热捧这个词语而感到羞愧。更为遗憾的是印有这个粗鄙词语的"时尚设计"小产品已经在淘宝开始销售了。设计师如果不带有对"时尚观念"作出正确评判和选择的责任，任其以迎合大众低级口味为卖点追逐商业利益，那么他已丧失了设计师的设计道德。或许是为了追求养宠物的乐趣，在普通的钥匙链下方悬挂一个密封塑料袋，里面放置一条鲜活的小鱼以及可以为小鱼提供10天存活期限的营养物，这样的钥匙链在各城市的车站与天桥随处兜售，如果这个钥匙链也配称之为"设计"的话，那么这个设计者及生产者对生命缺乏最起码的尊重。

2008年日本名古屋国际设计比赛的银奖是一件名为《石头汤》（图12）的作品，非洲的一些难民由于受饥饿的威胁，一天只能吃一顿

图11

图12

饭，晚上孩子们饥饿难耐的时候，母亲就在锅里煮石头，孩子们在锅里煮石头的"咕噜咕噜"的期盼声中伴着饥饿慢慢入睡。那"咕噜咕噜"煮石头的声音是留给饥饿中孩子们唯一的生存希望。《石头汤》的作者在非洲收集鹅卵石，将非洲母亲们煮制鹅卵石的水连同石头制成罐头的形式在欧洲的商场里销售，作者将这个故事以设计叙事的方式包装成罐头成为商品。当然，这个商品不具有任何实际价值，但其通过真实故事以及真实事件的"物品呈现"所带给人们的情感体验是极具震撼力的。当顾客为此刷卡购买时，付出的金额会自动汇到非洲国际儿童救助组织的账号上，按照顾客的信用卡地址，几天后他们会收到非洲国际儿童救助组织邮寄来的明信片以示感谢，明信片背面的照片依旧是那罐极具情感震撼的《石头汤》。无论是对于"时尚观念"还是"社会事件"的叙事主题选取，设计师都应该具有鲜明的道德立场，只有这样，叙事主题在产品的叙述中才能让大众得以明确的体验和感染，设计师面向大众所作出的姿态选择应是"引领"的态度，而非"迎合"。

3.4 叙事"主题文本"与产品"叙述文本"的对应关系

（1）"主题文本"与"叙述文本"的关系

当我们确定需要在产品上加载一个怎样的叙事主题时，接下来就是要设置"主题文本"，这个文本可能是写在本子上的，标明主题事件表述过程的"剧情"文字，也可能是留存于脑海中关于如何在产品上展现主题观念的步骤方案，这个文本会具有如剧本一样的显著特征："中心词、主题思想、事件的剧情发展、剧情节奏、事件结局"，但不管怎么样，这些文字脚本或构思方案在产品叙事的实施过程中都必须被产品自身的表述语言所替换，如：造型语言、使用指示语言、使用感受体验等。而替换的方式与具体叙述的过程计划则称为产品叙事设置的"叙述文本"。这就出现了两个"文本"，这两个文本主题一致，但存在的阶段、表述方式各异：一个是为了"主题"的构思过程而存在的计划文本，一个是为了"主题"的实现而在产品上执行的实施文本。这里要补充说明的是，"主题文本"与"叙述文本"虽然在事件的主题思想和观念上是一致的，但具体的情节和表述结构可能会有很大的区别，比如："主题文本"可以以文字的方式叙述事件的整个发展脉络，而"叙述文本"受到产品表现形式的限制，只可能将主题事件的情节作部分叙述或某情节突出叙述。因此，在两个"文本"的转化过程中，需要推敲"主题文本"的情节与表述结构的取舍，取舍的衡量标准是以更有效、更准确地表达叙事主题为原则。

（2）"叙述文本"在执行时对"主题文本"强调与改造的"沉浸"效应

既然"叙述文本"在产品叙事过程中无法完全照搬"主题文本"的情节与结构框架，那么就应该采取对"主题文本"有计划地改造，改造的依据是强调乃至夸大"主题文本"的叙事核心，让使用者在操作使用以及体验产品时达到"沉浸"效应。"沉浸"效应是指让使用者全神贯注处于叙事主题的境界或产品叙述行为和行为体验中。美国应用管理科学研究者威廉·利德威尔等编著的《最佳设计100细则》里对"沉浸"的描述为"通过由于兴奋或满足，精神如此集中，以至于失去了对现实世界的感觉"[5]，同时他们还认为"沉浸"的体验可以通过以下两个途径来得到加强：①通过感官刺激对产品使用动作和环境进行改造和加强，以达到全神贯注的投入状态，获得兴奋的满足感，称之为"感官沉浸"，这是对"主题文本"改造行之有效的便捷途径，但感官沉浸很难持久，对相对短暂的体验会有效果，它往往与视觉感受、操作体验相结合。②理想而影响长久的称之为"认知沉浸"，这需要深入的感官体验后导致情感的认知反应，这种沉浸多与感受者的道德观、情感经历等心理产生共鸣，将"主题文本"的核心在叙述实施时作适度夸张，强化了受众的心理感受，并延长了"沉浸"时间，即增加了对产品使用过后的体验回忆。

（3）叙事的"主题文本"与产品在相互选择上的关系

在文章的上半部分已经对产品叙事设置的步骤做了解析，在此我们可以概括成为一句话："首先，确立叙事主题—其次，选取产品作为叙事途径—再次，对产品在叙事情节上的设置完成用户体验—最后，完成叙事主题传达"。这时就会产生这样的疑问：是先确定叙事主题然后寻找可以加载主题进行叙述的产品呢，还是先有某一款产品，再针对这款产品进行叙事主题的构思？这两种模式是工作方法的不同，并不存在孰是孰非。对于自由设计师而言，当然更多会选取第一种模式：因为确定了叙事主题之后，可以以此作为叙事载体的产品可选种类很多，更为自由灵活，因此在许多国际设计周的设计师展位上，种类各异的产品都能淋漓尽致地传达设计师鲜明的叙事主题。第二种模式多为企业工作方法，企业生产同类型产品，在企业规定的产品上赋予一定的叙事主题，这是企业设计部门在创意之初需要考虑的事情，"时尚事件"成为叙事主题的焦点，"时尚观念"是企业化产品叙事主题的思想特征之一，如果处理得当会成为应时的畅销商品；否则，叙事主题与产品搭配生硬，"主题文本"与产品"叙述文本"在相互的转化衔接上就会出现扭捏造作感。

无论是哪种叙事设置的工作方法，其实质都是对现有产品的"叙事化"再设计，再设计的"设计方法"就是加载与之匹配的"叙事主题"，产品自身是具有承载叙事主题能力的，任何产品都具有成为叙事设置的载体的可能性，在合适的事件与叙事主题的条件下充当叙述者。之所以说任何产品都具有这样的能力，是因为作为产品感受体验的主体——人类自身，具有丰富而细腻的心理与行为体验，这些宝贵的认知感受成为叙事主题源源不断的素材源泉。如果将产品比作叙事的舞台，那么决定演出效果的不是舞台的大小，而是主题与剧情的精彩。

（4）"叙述文本"的逻辑思维连贯性原则

本文已反复强调：叙事的"主题文本"与产品的"叙述文本"存在的形式与表达方式是截然不同的，虽然它们的主旨必须具有一致性，但一个是以文字为载体，一个是以产品传达手段为载体，所以在当"主题文本"向"叙述文本"转换的时候会经常出现逻辑思维不连贯的情况，这也是我们俗称的"掉链子"，就好像自行车的链条断裂一般。思维的逻辑顺序应像车链条一环扣一环，紧密衔接才能完成主题的叙述。在两个不同表述类型的"文本"转换中，"文字文本"中的部分逻辑要素无法在产品设计的"叙述文本"中表达，产品体验的逻辑连贯性割裂，无法正常传递叙事主题。对这样的产品叙事设置几乎是异口同声地"看不懂"、"莫名其妙"作为体验后的叙事评价。在南艺讲授设计创意课程时，我拟定了以"时间"为主题的设计课程，到了交作业的时间，某同学交上来一个海绵做成的挂钟，我问她：这海绵做成的挂钟你有什么要传达的设计主题吗？她说：这件作品是引用鲁迅先生讲过的那句话"时间就像海绵里的水，只要你挤，它总会有的"，就想到用海绵做成挂钟，希望表达不要浪费时间的意思。我对她说：鲁迅这句话如果我们用逻辑思维来串联的话，应该是"海绵（这一平常物件）—鲁迅（讲过只要去挤它都是能挤出水的格言）—时间（将其借用到对时间的合理安排）"，但是你现在的作品叙述结构是"海绵—时间（挂钟）"，"鲁迅"不见了，自然也就没了鲁迅讲的格言，思维逻辑也就很难将"海绵"与"时间"链接上，因为"鲁迅格言"是链接"海绵"到"时间"两环节在逻辑顺序上的关键链条。这个例子一方面验证了产品自身的"叙述文本"受叙述格式的限制，不能照搬叙事的"主题文本"，"主题文本"必须经过产品设计的语言格式转换方能顺畅地传达主题；同时也再次表明：在产品主题叙述过程中为了保证逻辑思维的连贯性，产品叙述的逻辑链条缺一不可，这是至关重要的。

4 结语

产品叙事设置是产品设计领域中较为崭新的设计概念，虽然之前早有设计师与艺术家自发或不自觉地在产品设计乃至艺术创作领域中广泛运用，但作为设计界可推广的设计方法，国内设计教育领域迄今都未正式提出，相信这也是全国第三届设计学青年论坛邀请国内青年学者们在"南艺百年校庆"之际从全国各地聚会南京讨论此话题的初衷。本着"理论研究"先行于"教学实践"的规律，本次论坛关于设计叙事的探讨不应仅仅只停留在"论坛"的层面，探讨成果如能积极地运用到设计教学及设计实践，"理论"才真正具有"理论指导"的价

值。产品"叙事设置"可以认为是人们对现阶段的产品设计所体现的人文价值的不满足而进行的新尝试，它具有更多的"故事"、"情感"容纳空间，更能为大众带来产品之外的丰富感动和体验。作为设计师而言不可忽视的是，在"叙事"设计中人文情感"有主题、有情节、有步骤"的表述特征之丰富、连贯是其他设计手法无法比拟的，这也为以"叙事"为手段的设计创作带来创新风格与个性表达提供了新机遇。

参考文献

[1] 日本物学研究会 黑川雅之等著. 世纪设计提案——设计的未来考古学[M]. 王超鹰译. 上海，上海人民美术出版社，2003.

[2] （英）戴维·布莱姆斯顿. 产品概念构思[M]. 北京，中国青年出版社，2009.

[3] （法）古斯塔夫·勒庞. 乌合之众[M]. 北京，新世界出版社，2011.

[4] （瑞士）卡尔·古斯塔夫·荣格著. 心理类型——个体心理学[M]. 储昭华，沈学君，王世鹏译，北京，国际文化出版公司，2011.

[5] （美）大卫·雷·格里芬著. 后现代精神[M]. 王成兵译. 北京：中央编译出版社，2011.

[6] （德）叔本华著. 作为意志和表象的世界. 石冲白译，上海：商务印书馆，2004.

[7] （美）威廉·利德威尔，克里蒂娜·霍尔登，吉尔·巴特勒著. 最佳设计100细则[M]. 刘宏照等译. 上海：上海人民美术出版社，2005.

[8] 张剑. 剥离之后[J]. 剧影月报. 江苏南京：江苏省文化厅，2005（4）.

[9] 屠曙光. 设计叙事[J]. 新美术. 浙江杭州：中国美术学院，2008（5）：98.

[10] 冯峰. 时间中的宫殿[J].《美术学报》. 广东广州：广州美术学院，2010（4）：76.

[11] （美）《INNOVATION》（中文版）. 美国工业设计协会季度刊物，2011：162-163.

[12] （法）古斯塔夫·勒庞. 乌合之众[M]. 北京，新世界出版社，2011：68.

[13] （美）威廉·利德威尔，克里蒂娜·霍尔登，吉尔·巴特勒著. 最佳设计100细则[M]. 刘宏照等译. 上海：上海人民美术出版社，2005：112.

张剑

广州美术学院工业设计学院 教授 硕导

1995~2009年任教于南京艺术学院设计学院，2009年至今任教于广州美术学院工业设计学院。曾获2015年中国红星奖原创优秀设计师、2014年中国工业设计十佳杰出设计师、2013年中国设博会年度十大最具影响力设计师、2012年中国设计事业先锋人物奖、2007年中国设计业十大杰出青年提名奖、2006年南京市新长征突击手等荣誉称号。在21年的设计研究与教学实践中，以近300余件的设计作品对产品的情感化设计及设计的人文思考加以实践与探索，作品获得诸如，德国红点概念奖及至尊奖多项、德国iF产品奖，欧洲产品设计奖银奖与铜奖，美国星火奖、美国IDEA奖、韩国仁川国际大赛银奖、台湾光宝奖银奖、全国美展银奖、中国红星原创设计银奖多项等各类设计奖项共120余项。获实用新型专利71项。出版个人作品集2部，教材与教学实录各1部，发表专业论文26篇。

教学22年间，指导学生获得诸如，红点国际概念奖，iF国际概念奖，美国星火奖，美国IDEA奖，台湾国际学生创意设计大赛金奖，香港设计师协会奖，韩国仁川国际设计大赛银奖，日本名古屋国际大赛奖等各类国际设计大奖六十余项，国内设计奖项四百余项。

| 创新实践 |

基于DFSS模型的便携式婴童干衣机创新设计

冯颖

内容摘要：研究基于DFSS模型的设计方法在便携式婴童干衣机设计中的运用。为满足年轻夫妇在旅途中为婴童频繁清洗衣物、快速干衣的需求进行新产品开发，遵循DFSS模型的设计步骤，设计了可伸缩收纳、方便用户携带的干衣机结构与造型，通过计算辅助设计和样品制作，验证了设计方案的可行性，并指导后续加工工艺过程。

关键词：产品创新设计　婴童干衣机　DFSS　便携式

　　DFSS即面向六西格玛设计（Design for Six Sigma，DFSS）。作为一种高效的设计理念和方法，目前主要在一些世界顶级企业有较全面的应用，并在产品成本、质量、开发和市场占有率等方面取得丰厚的收益[1]。随着国内大型家电企业的快速发展，DFSS在产品设计领域也已逐步推广。DFSS是由一套通用的新产品开发途径与一系列方法工具集成的有机系统，设计过程中各工具与方法之间的衔接是有序的，且具有极强的逻辑性，即其中工具输出的方案与参数往往作为下一个设计步骤的输入依据，从而构成了DFSS完整且有效的产品开发设计模型[1]。文中以一款婴童便携式干衣机的开发为例，运用DFSS模型的研究方法，从项目定义、用户调研、概念生成到试验设计采用严谨有效的开发途径和系统工具，以提高产品设计质量，真正满足用户需求。

1　DFSS创新设计模型及特点

　　DFSS模型开发产品的宗旨：在最大限度满足客户需求的前提下，提高产品的品质，降低设计成本，避免设计过度和顾客抱怨太多，真正理解客户需求，设定合理的目标，指导设计并提高产品的质量[2]。

1.1　DFSS创新设计模型

　　到目前为止，研究者提出了多种DFSS模型，其中一种面向产品创新设计的模型分为5个步骤：定义（Define）、顾客（Customer）、概念（Concept）、设计（Design）、验证（Verify），简称DFSS的DCCDV流程[3]。通过基于项目的识别，确认该项目存在的机会，收集和明确顾客与市场需求，并论证项目的可行性，同时区分客户需求的不同层级。运用DFSS中集成的工具方法，将需求展开为设计及制造工

艺等方面的要求，并且量化。在设计阶段，采用创造性的方法提出可行的产品概念，并客观地评估并选择方案，然后进行详细设计，识别关键参数并对其进行优化；在验证阶段，对高阶方案进行试验设计，验证设计参数是否为最优，判断产品设计是否达到预期的质量水平，满足顾客要求。

1.2　DFSS的特点

　　DFSS为全新产品或流程的开发提供一整套结构化流程，强调在设计开发过程中通过使用大量的统计学工具，保证设计过程的严谨和物理结构各参数的最优化，从根本上实现产品固有质量的可靠性。

　　（1）DFSS的中心为顾客需求，通过顾客需求来指导从系统向子系统各个层次进行设计。

　　（2）DFSS在设计之初制订质量目标，并在过程中以各种数学模型和分析工具进行不断优化，来保证设计阶段的产品质量和成本[4]。

　　（3）DFSS通过试验设计和专业的统计学软件优化产品性能，提高产品的可靠性，并指导后期生产工艺[4-7]。

2　便携婴童干衣机创新设计

　　以便携式婴童干衣机设计为例说明DFSS模型在全新小家电产品设计中的应用。

2.1　确定DFSS项目

　　对10位年轻父母进行关于育儿话题的深度访谈，根据访谈发现的问题，确立DFSS项目为设计便携式的婴童干衣机，其价值在于可缩小体积，方便旅行携带。考虑到婴童的衣物相对较小，可利用现有的家用干衣机原理设计一款便携式婴童干衣机，实现随时干衣的效果，将有效地解决外出旅游干衣难的问题。

　　为获得更多的消费者对于该产品的意见，设计了调查问卷，对顾客需求进行调查，并对结果进行了统计分析。其中，被调查的200人中，95%为年轻父母，家庭月收入在8000～10000元。部分选项调查统计结果如图1所示。根据调查结果可知，便携婴童干衣机有一定的市场需求。

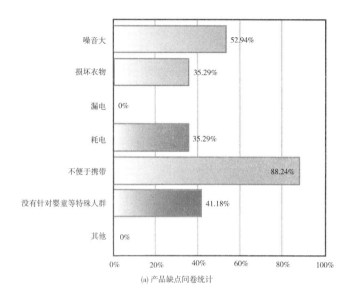

(a) 产品缺点问卷统计

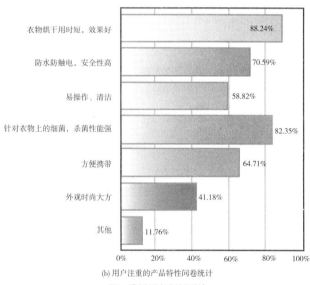

(b) 用户注重的产品特性问卷统计

图1　调查问卷部分结果统计

2.2　顾客的需求确定与分析

该阶段的主要任务是界定项目范围，实施顾客需求分析策略，其目标为识别关键质量特性（critical to quality，CTQ），如顾客的需求及产品的功能等，所用的工具包括层次分析法（确定顾客需求重要度）和质量功能展开（识别整个产品设计过程的CTQ）。调查收集客户需求是建立整个项目 DFSS 模型的基础。

在项目之初，充分收集到的客户对产品的需求中，既有客户直观

表达出的需求和该系列产品的不良使用信息反馈，也有设计团队根据客户语言发掘出的客户潜在需求，还包括行业规定的性能指标。然后，对收集到的客户需求进行整理分类，并采用层次分析法（analytic hierarchy process，AHP）建立客户需求递阶层次结构，并计算确定各种客户需求的权重[5-6]。

2.2.1　建立客户需求递阶层次结构

在婴儿便携干衣机开发之初，设计团队在访谈和问卷调查统计结果的基础上，将产品用户反映的需求分类整理，得到客户需求递阶层次结构，如表1所示。

婴童便携干衣机客户需求递阶层次结构　　表1

1级指标（目标层）	2级指标（准则层）	3级指标（方案层）
客户需求 A	机械性能 B_1	封闭性好 C_1
		打开省力 C_2
	操作性能 B_2	启动、调节控件易操作 C_3
		挂杆方便挂置 C_4
	外观 B_3	体积小 C_5
		使用状态整洁 C_6
		便于携带 C_7
	电器性能 B_4	绝缘性能好 C_8
		加热时长控制恰当 C_9
	材料性能 B_5	结实耐用 C_{10}
		耐热性好 C_{11}

2.2.2　建立判断矩阵并计算相对重要性

建立判断矩阵的方法如下：对于处于同一级的要素，以上一级的要素为准则进行两两比较，根据评价尺度确定其相对重要度，建立判断矩阵[8-10]。

$$P=(p_{ij})_{n×n}, p_{ij}>0, p_{ij}=\frac{1}{p_{ji}}(i,j=1,2,\cdots,n)$$

式中：P ——判断矩阵；

　　　p_{ij} ——判断尺度，表示因素 i 与因素 j 对上一层因素的重要性之比[8]。

若 p_i 与 p_j 同等重要，则 $p_{ij}=1$，若 p_i 比 p_j 重要，则根据重要的程度不同，p_{ij} 的取值范围在 2～9 之间，反之则取倒数[8-10]。由于系统属性的多样性和人的主观认识的模糊性，为使用层次分析法准确进行计算，还需设计客户意见调查表，采用焦点访谈调查的形式，对客户详细讲解

判断尺度定义和相关因素的关联，请被调查的客户代表填写意见调查表。对于难以统一的分析意见，设计者经过反复讨论达成一致。对表1所示的层次结构而言，可得出B_1，B_2，B_3，B_4，B_5相对于A的客户需求判断矩阵B。

$$B=\begin{bmatrix} & A & B_1 & B_2 & B_3 & B_4 & B_5 \\ B_1 & 1 & 1/5 & 1/3 & 1/5 & 1/3 \\ B_2 & 5 & 1 & 3 & 1/3 & 3 \\ B_3 & 3 & 1/3 & 1 & 1/5 & 1 \\ B_4 & 5 & 3 & 5 & 1 & 5 \\ B_5 & 3 & 1/3 & 1 & 1/5 & 1 \end{bmatrix}$$

同理，可得出表1层次结构中C_{ij}相对于因素B_{ij}的客户需求判断矩阵（篇幅所限，该矩阵和层次分析法的计算过程略），列出最后的综合重要度计算结果，确定各要素综合权重，如表2所示。

综合重要度计算表　　　　　　　　表2

方案	相对重要度的计算值					综合权重
	B_1	B_2	B_3	B_4	B_5	
C_1	0.05					0.034
C_2	0.5					0.034
C_3		0.856				0.2058
C_4		0.189				0.040 6
C_5			0.79			0.068 5
C_6			0.28			0.027 6
C_7				0.495		0.248 4
C_8				0.126		0.069 8
C_9				0.463		0.201 8
C_{10}					0.28	0.032 4
C_{11}					0.77	0.086 8

2.2.3　关键质量特性CTQ的确定

根据上述客户需求分析得出的$C_1 \sim C_{11}$权重排序，以质量功能配置（quality function deployment，QFD）方法将CTQ与设计参数联系起来，并确定该产品重要的品质需求及关键设计参数，分析品质需求与设计要素之间的关联性和重要性之后进行排序，可用数值代表用户需求的权重。例如：便于携带C_7定为5分（重要度最高），耐热性好C_{11}定为4分，挂杆方便挂置C_4和体积小C_3定为3分，封闭性好C_1定为2分，使

用状态整洁C_6定为1分。因此，后续的开发工作应将便携性的结构设计和产品尺寸的设定作为重点CTQ进行设计。

2.3　概念生成和选择阶段

DFSS模型使用科学效应库搜索相关效应辅助并进行功能—行为—结构（function-behavior-structure，FBS）映射，在映射平台中，对产品各级功能、行为和结构加以简单描述，并将其最终分解结构以树状清晰地表达出来[1]，如图2所示。

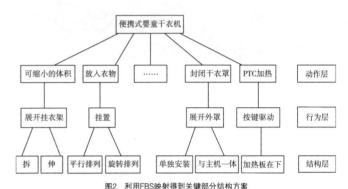

图2　利用FBS映射得到关键部分结构方案

根据以上映射分析，进行方案设计，整理后有4个高阶设计方案备选，如图3所示。

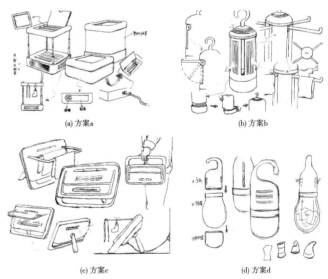

(a) 方案a　　　　　　　　(b) 方案b

(c) 方案c　　　　　　　　(d) 方案d

图3　婴童便携干衣机设计备选方案

对高阶设计方案进行优缺点分析，如表3所示。

创意草图优缺点分析　　　　　　　　　　　　表3

备选方案	优点	缺点
a	采用伸缩杆结构，可根据衣物的大小，自由调节杆的高度；箱体设计，方便携带	方体造型不方便提携
b	外形小巧，加入了挂钩设计，便于提携和挂置使用；挂衣杆和干衣罩可藏于主机内，方便携带	挂衣杆打开时，占用较大的空间，不便于使用；干衣罩也不方便封闭
c	手提式设计，折叠后，占用空间较小，便携性好	无法外加干衣罩，影响干衣效果；电源线无法收纳，不便于携带
d	外形小巧，加入了挂钩设计。干衣罩可藏于主机内，减少体积，方便携带	无挂衣杆，影响干衣效果

根据以上各方面优缺点分析和用户需求的权重综合考虑，选择图3a为最终设计方案。根据0~6岁孩子衣物尺寸，设定干衣机闭合状态的尺寸为450mm×200mm×160mm，伸缩杆升起后干衣机总高为460mm，然后应用设计阶段潜在失效模式分析方法（Design Failure Mode and Effects Analysis，d-FMEA）对高阶设计方案进行评价分析，可能存在的问题及分析过程如下：

（1）与伸缩杆连接的顶盖在升起时，4个角可能受力不匀，导致升起时卡住或升起后顶盖不平，风险评分等级分别为：严重性=7，发生率=6，可知度=7。风险优先系数为7×6×7=294。

（2）伸缩杆在衣物的压力下，可能发生变形，风险评分等级分别为：严重性=7，发生率=4，可知度=3。风险优先系数为7×4×3=84。

第1个问题风险优先系数高于后者，因此是首要解决的问题。具体解决方案如下：将原先手动方案改为更为机械化的电动伸缩杆，由4个小电机同时控制，即可保证4个角升起速度和高度保持同步，而伸缩杆的抗变形问题在后续详细设计中加以控制。产品设计最终方案如图4所示。

图4　干衣机效果图

2.4　设计试验及分析优化

设计最优化阶段立足于概念设计要求[11]，通过提供一个最优的功能设计要求来满足生产和产品品质的要求，该阶段主要任务是对全新产品的各个子系统进行详细设计，如伸缩杆变形量、质量轻重、外壳的热变形量控制等问题。

在顾客的需求分析阶段，已知顾客对于产品的便携性期望较高，便携性的需求除了体积小还有一个很重要的问题就是要求质量轻，该婴童干衣机整机外壳材料选择ABS，尺寸确定后，只有通过减薄塑料件壁厚来减轻质量。此外，干衣机是用PTC发热体产生热能，塑料件要长时间处于高温环境中，最高温度一般为70℃，而ABS热变形温度一般为70~90℃，热变形量直接影响实际的使用。因此，ABS热变形量是设计优化阶段材料性能的重要评价指标。为确定其关键影响因素并进行参数最优化设计，进而指导制造工艺规程，选取模具温度、溶胶温度和保压压力3个因子作为影响评价指标的主要试验参数。

利用六西格玛专业统计分析软件MiniTab[12-13]进行定制试验设计。通过试验确认不同参数组合条件下材料的热变形量，选出最优工艺参数。此外，MiniTab结果分析表明在3个因子的交互作用下，溶胶温度和保压压力的共同作用使热变形量呈线性变化，而模具温度的影响较小，因此在后续的工艺过程中应重点控制溶胶温度和保压压力，以达到制件热变形量的最优控制。

3　结论

便携式婴童干衣机的开发过程遵循DFSS的面向产品创新的开发模式：定义、顾客、概念、设计、验证，使整个设计过程严谨有效，最终制件样品质量轻、体积小、尺寸合理、便于收纳，并且操作界面简单，符合顾客的需求，同时也验证了该模型的有效性。

（1）DSFF模型的顾客需求分析策略、创新方案生产策略、方案详细设计及最优化策略的集成模式，辅助DFSS在全新产品开发过程中能形成完整、新颖且理想的设计方案。

（2）DFSS模型可以指导产品设计人员创造性地开展工作，跳出仅靠头脑风暴或现有方案改进的传统设计模式，实现真正的创新。

（3）运用层次分析法、风险评估、MiniTab统计软件等工具，通过量化复杂变量，输出各指标变量之间的关系，运用原型、实验、模拟、数据的分析，对设计进行测试，从而完成高水平的设计优化。

参考文献

[1] 李彦. 产品创新设计理论及方法[M]. 北京：科学出版社. 2012.

[2] 倪旻霁. 运用六西格玛设计策略优化安全带卷收性能[D]. 上海：上海交通大学，2010.

[3] 朱正礼，杜建福，兰志波. DFSS在新能源汽车电子产品开发中的应用[J]. 机械设计与制造，2012（2）：253-255.

[4] 宋川思. 基于DFSS的轿车蓄电池支撑系统的概念设计[J]. 佳木斯大学学报：自然科学版，2013（3）：169-173.

[5] 刘兴华. 并行工程环境下连接器产品开发QFD应用研究[D]. 上海：上海交通大学，2007.

[6] 王忠祥，郭宝恩，张付英. CAQFD概念设计专家系统模式研究[J]. 工程设计学报，2006（6）：89-92.

[7] 董彧. 汽车燃油箱降噪的稳健设计优化[D]. 上海：上海交通大学，2011.

[8] 赵保卿，李娜. 基于层次分析法的内部审计外包内容决策研究[J]. 审计与经济研究，2013（1）：37-45.

[9] 段若晨，王丰华，顾承昱，等. 采用改进层次分析法综合评估500 kV输电线路防雷改造效果[J]. 高压电技术，2014（1）：131-137.

[10] 邓雪，李家铭，曾浩健，等. 层次分析法权重计算方法分析及其应用研究[J]. 数学的实践与认识，2012（2）：95-102.

[11] 孙志学. 产品敏捷工业设计过程创意知识获取方法[J]. 机械设计，2015，32（3）：115-118.

[12] 王宇乾，樊树海，潘密密，等. 基于Minitab的六西格玛管理在节能灯装配中的应用[J]. 工业工程与管理，2011（6）：131-137.

[13] 屈科. 基于Minitab的产品质量功能展开设计方法研究[D]. 成都：西华大学，2011.

基金项目：广东省高等教育"创新强校工程"自主创新能力提升类资助项目（2014GXJK162）；华南理工大学广州学院青年教师科研基金资助项目（52-CQ1400004）

冯颖

毕业于广东工业大学机械设计及理论专业，研究方向为工业产品造型设计，硕士研究生，现工作单位为华南理工大学广州学院机械工程学院工业设计教研室，讲师，国家一级工业设计师。从事高校工业设计教育工作十二年，主讲课程有：《产品设计方法学》、《人机工程学》、《计算机辅助三维设计》、《家用电器产品专题设计》、《立体构成》、《产品造型快速成型》、《产品语意》等十几门专业课程。

木质余料再利用的产品设计探索
"参差"——实木家具

郭振威 李攀

内容摘要： 在木制品进行制造生产的过程中，产生木质余料的数量是非常巨大的。那么，在如今在生态环境日益恶化，要求走可持续发展之路的情况下，研究木质余料再利用后的新价值体现，引起人们对其重视和更合理利用显得尤为重要。本文先通过对木质余料的现状进行调查分析，再从木质余料的设计方法论入手，探究木质余料在这些方法论的指导下，经过再利用设计后获得的新价值，而这些新价值体现为经济价值、艺术价值、社会价值。

关键词： 家具设计 木质余料 再利用 新价值

1. 木质余料的概述

1.1 木质余料的概念

本文中提到的木质余料是指在家具生产过程中所产生的边角料，因无法被再利用制作原产品而剩余下来，俗称边角料、剩余料。

1.2 木质余料大量产生的原因

据调查，目前家具企业以实木和板式类的家具为主，制造原材料主要为木材和人造板等木质材料，而木质余料主要产生于家具企业的生产过程中。经过对家具企业生产过程进行调查分析，木质余料产生的原因主要有下面几点。

1. 企业的领料方式

家具制造过程中所用到的材料，规格、数量等都是由生产部门提出，这样难免由于生产部门为了自己制造的方便，很少或者没有考虑到根据制造的实际情况，提高原材料的使用率、降低生产成本进行合理领用材料。所以，生产部门在制造过程中没有很好地计算制造的材料用量，只是贪图生产方便，按照自己的意愿进行开单领料。这样从一开始就没有控制余料数量的意识，大量余料产生的问题没有在源头上得到很好的解决，那么在家具制造过程中必然会产生大量的木质余料，这是家具企业产生大量木质余料最为普遍的问题。

2. 原材料的使用率低

材料的使用率不高就暗示着有一部分的材料没有被使用到而剩下，最终沦为余料，甚至是废料。出现这一问题的原因主要是裁料问题，企业生产制造时不能就单件家具所需的用材情况进行裁料，必须根据生产计划，多件的家具产品所需用料情况进行分析，从而得出最优的裁料方案。但是，现实中家具制造工作者的文化程度并不高，加之家具制造的情况要比想象中复杂。所以，要根据生产情况，经过多次计算才能得出的这样一种最优裁料方案，确实是一件比较难做到的事。工作者往往只能根据自己的经验进行裁料，在这样的情况下，想通过裁料方案减少余料是不太可能的，更别想提高原材料的使用率。

3. 企业缺乏科学的余料管理制度

在家具制造过程中，产生余料是不可避免的。但是，当余料产生后，如何对余料进行有效管理也是家具企业要考虑的问题。不能随便地堆集在车间或仓库就行了，原本想进行再利用，但由于没有对余料进行清点分类，合理安放等管理，时间一长便把余料当做废料处理掉，更谈不上对木质余料进行再利用了。

1.3 木质余料以往一般处理方式

根据对木质余料的分析调查，家具企业对于木质余料一般的处理方法有：作为燃料，卖掉，作为填充物等等。

1. 作为燃料

一般的家具生产企业，大量的生产劳动力是必不可少的。因此在家具工厂里一般都有饭堂和工人宿舍，一定规模的工厂还有用于生产制造的木材干燥室。所以，在家具生产过程中需要大量的热能供应。此时，把木质余料作为燃料烧掉能为生产提供一定的热能。但这种简单的处理方式并不环保。

2. 卖掉

家具企业把木质余料以卖掉的方式处理是有其意义的，因为这样能把木质余料转化为一定的资金收入，也能间接解决木质余料的堆集和存放问题。但通过这种方式处理，余料的价格一般都卖得比较低，得到的效益不高。而卖掉的余料大部分还是用来作燃料，因而也不环保，效益性也不高。

3. 作为填充物

把木质余料作为填充物的处理方式由来已久，这也是一种比较环保的处理方式。这种方式能比较有效地再利用产生的余料，但在利用之前需要将余料进行分类，按照管理安放好，这里需要不少劳动力。相比较所付出的劳动力来讲，收到的效益不算很高。

2. 木质余料基于新价值体现的处理方式

2.1 可持续发展

可持续发展是指既满足当代人的需要，又不对后代人满足其需要的能力构成危害的发展[1]。它其中一方面的内容是科学地利用自然资源。这方面的内容主要是针对如今生态环境的日益恶化而提出的，要求人们不能毫无顾虑地向生态环境索取资源，要对资源采用更加科学合理的利用方式，不断提高资源的使用效益，创造更多的价值。

2.2 绿色设计

绿色设计也叫生态设计，设计主旨在于保护生态环境资源。对于工业设计而言，绿色设计包括二次利用、循环回收、节约资源等三个方面的内容，力求使产品对环境产生的负面效应降到最低[2]。所以在进行绿色设计时，要从保护生态环境角度出发，最大效益化地使用生态资源，减少资源的浪费。

2.3 木质余料基于新价值体现的处理方式

木材作为一种重要的自然资源，如何被合理利用直接关系到各种环境问题。家具在生产过程中会消耗掉不少木材资源，这是不可避免的。但对于家具制造过程中剩下的木质余料，是可以采取更加合理的方式进行利用的。可持续发展和绿色设计的内容要求都提到了一点，就是要在保护生态环境的前提下，更加合理地使用自然资源，提高资源的使用效益，减少资源的浪费。

在可持续发展和绿色设计的要求下，对木质余料更加合理的利用方式就是再利用设计。作为新时代的设计师，要根据各种设计方法论对木质余料进行再利用设计，让木质余料在科学的设计下体现新的价值。

3. 木质余料的设计方法论及再利用设计后的新价值体现

3.1 木质余料的设计方法论

设计是人们有规划有目的进行事物创作的活动过程。对于经济的健康发展、人们生活水平的改善、社会的和谐发展，设计发挥着越来越重要的作用，甚至能给我们创造意想不到的价值。但是对于构思出错、计划不当的设计，不但发挥不了作用，创造不出新价值，甚至还

会造成制造浪费。因此，科学合理的设计才能创造价值。

基于工业设计的设计方法理论，结合木质余料自身的特点属性，分析研究得出对于木质余料的几种设计方法论。

1. 创新论设计方法

创新，就是创造出新的东西来。创新是设计本质的要求[3]，因为创新是判断一个设计是否好坏的标准之一。在进行创新设计时，设计师要发挥自身的设计创意思维，根据人们的实际需要，设计出既有创新性，又有实用价值的产品。

对于木质余料，判断其设计是否创新，可从这些内容来衡量：是否具有新的构思和想法；是否具有新的功能和用途；是否具有新的材料；是否具有新的技术；是否满足了用户新的需求。相应地，实现创新设计的途径可以有：设计理念的创新；功能的创新；材料运用的创新；科学技术的创新；迎合用户需求的创新。

2. 功能论设计方法

功能论设计方法就是一种把功能性放在核心研究地位的设计方法，设计并不是对制品表面的装饰，而是以某一目的为基础[4]。所以在设计时，要围绕如何实现木质余料的实用功能而展开。这里所说的功能有主要功能和辅助功能之分，主要功能就是产品的基本功能，主要用途。例如花瓶用来插花就是它的主要功能。而辅助功能就是次要的、附带的功能。例如花瓶的辅助功能就是装扮室内的环境，提高居住环境的氛围。但根据用户的不同使用目的需要，有时候辅助功能会转化为主要功能。在一些豪华的房子里，花瓶的主要功能往往是用来装饰，提高室内的环境氛围。

所以，在根据功能论设计方法来对木质余料进行设计创作时，我们首先要明确自己是针对哪些人群和环境而设计的。不用的使用者和使用环境，同样的东西，其功能可能会产生变化的。

3. 艺术论设计方法

当设计师以木质余料为一种艺术载体，借其来表达自己的思想、理念、对现实社会的看法等时，木质余料产品往往是以一种艺术的形态呈现在我们眼前。这就是艺术论设计方法。

对于艺术论设计方法来说，由于每个设计师的个性和对木质余料的理解都不尽相同，所以设计师自己的艺术设计风格也不尽一样。要形成设计师自我的风格，其关键在于设计师本人。在于他对社会的理解，对艺术的理解与追求，在于设计师的坚持，更在于设计师的"天性"[5]。

对于刚接触设计这一领域的人来讲，可能会因为接触到关于艺术设计的东西比较少，难以形成属于自己的艺术设计风格。此时，我们有一个"捷径"可以走，就是通过查阅参考古今中外的各种艺术设计风格，以及在其中运用到的各种设计手段。这些都可以作为我们设计的借鉴。设计史就是一部艺术史，感谢其给予我们源源不断的设计财富吧。

4. 技术论设计方法

前面说到的家具企业对于木质余料一般处理方式是：作为燃料、卖掉、作为填充物这三种。这种做法很大程度上是因为木质余料规格大小多样，以致难以再利用而造成的。对于木质余料，技术论设计方法就是针对其规格大小多样这一情况，利用高超的工艺技术进行设计。所以这要求设计师必须了解一定的生产与制造工艺，在进行木质余料设计时，对于设计效果尽量做到成竹在胸。

因此，在木质余料的运用技巧和技术加工工艺上可以看出设计师的设计水平。精湛的技术工艺可以给木质余料赋予全新的价值体现，两件造型差不多的产品，会因为不同的技术加工工艺而产生价格的天渊之别。

5. 商品论设计方法

顾名思义，商品论设计方法就是将木质余料设计为在市场上能够畅销的商业产品。也就是说对木质余料经过有效设计后，让其以商品的形式呈现出来，在市场上获得一定的销售份额，给企业带来商业利润。

对木质余料进行商品化设计时，设计师需要考虑几个重要问题：（1）市场情况。在进行任何产品开发设计时，都需要进行市场调查，了解该产品在市场中的各种实际情况，通过分析得出产品的市场定位。（2）创新性的体现。创新性简单来说就是自己的产品与别人的有什么不一样，好在什么地方。创新性是产品设计的核心，在现在这个知识竞争日益激烈的时代，创新不仅可以直接给企业带来丰厚的经济利益，还可以更好地促进经济建设的发展，社会的不断进步。（3）产品的消费群体。这就是要求设计师明确产品的销售对象，是年轻人还是老人，以及他们对于产品的购买能力如何。这些都需要设计师在设计之前做出正确的定位。（4）产品成本问题。产品成本会影响到产品在市场上能否取得成功，因为成本影响销售价格，价格影响消费者的购买欲望。如何在一定成本的基础上做出更好的设计，是设计师面临的一个难题，也是衡量设计师设计水平的标准之一。

作为设计师，在对木质余料进行设计时，不要只单单按照其中一种方法论来进行设计，需要两种或多种方法论结合一起进行设计。因为这几种设计方法它们之间是有联系的，它们之间存在着一种相辅相成、互为己用的关系。

3.2 木质余料再利用设计后的新价值体现

合理的设计能创造价值。对于木质余料，只要以合理的设计方法论为指导，对其进行再利用设计是能够创造出新的价值的。这些新的价值体现为以下几个方面。

1. 经济价值

当木质余料被设计为商品投入到市场时，其体现的经济价值是显而易见的。木质余料再设计的产品价值、市场价值都是经济价值的具体反映[6]。

对于经济而言，设计可以说是一种特殊的生产力。当木质余料被设计成产品时，不仅可以给商家带来经济效益，而且还能够推动经济的繁荣发展，当然这也满足了人们日益增长的物质要求和精神需求。

另外，设计的附加值会影响木质余料经济价值的高低，设计的附加值不同于木质余料产品的使用价值，它主要表现在设计师赋予产品的设计价值。这能够给产品带来增值，提高人们的购买欲。例如一些使用功能基本一样的商品，设计的附加值会影响商品经济价值的高低，体现为设计的创新性、独特性、理念性等方面。因此，木质余料产品拥有的附加值越多，其经济价值也越高。

2. 艺术价值

正如前面说到，当设计师将木质余料当作载体来表达自己的理念、想法时，木质余料产品更多地被人们认为是艺术品，而不单只是一件产品。此时，木质余料产品的艺术价值就会体现出来。体现在艺术风格、设计理念、工艺技术三个方面上。

不管面对什么材料，艺术风格和设计理念在设计时基本上都是相通用的，对于木质余料，这两点没有什么特殊性，再加上不少学者对此都有深入的研究，因此在这里本人就不再重述了，这里主要讲述工艺技术这方面的内容。

可能有人认为工艺技术是手工活，艺术是脑力活，两个没有太大的关系。其实不然，由于木质余料呈现规格多样、大小不一等特点，造成在设计中难以被很好地运用，此时就凸显了工艺技术的重要性。正是因为有了这些工艺技术，例如雕刻技术、弯曲成型技术等，能对材料进行造型加工处理，并加上一些制作工具的辅助，才有了木质余料产品的造型艺术的体现。因此，工艺技术是一种艺术方式、一种艺术风格。在一定意义上，工艺技术与工艺艺术是一体的[7]。工艺技术能赋予木质余料产品新的造型艺术价值，工艺技术的高超程度影响着木质余料产品艺术价值的高低。

3. 社会价值

设计最终是要面向社会的，对于社会各方面而言，与其存在着不同的社会关系。对于一般消费者，设计就是要为他们提供更好的服务，要让其体会到设计带来的好处。例如使用上的方便、视觉上的享受等。对于生产商，设计就要为其提供更好的设计方案，生产出更具竞争力的商品。对于社会自身，设计能促进经济的健康发展和社会的不断进步。

木质余料的社会价值还体现在，优秀的木质余料产品不仅可以给使用者带来方便和各种方面的享受，提高人们的生活水平，而且还能让使用者看到，木质余料经过设计后能变废为宝，使更多的人体会到设计的魅力。对于产生大量木质余料的企业，这能让其进行反思，在生产过程中充分考虑到木质余料再利用的重要性。

正因为木质余料有被再利用的必要性，这也引出其另一个社会价值，那就是引起人们对生态环境的重视，关注资源的日益短缺，环境的污染等问题。从而促进社会的和谐发展和精神文明建设，使得人们或企业不要以破坏环境为代价来换取自身的经济利益，要树立良好的社会责任感，让我们的社会走上可持续发展之路。

4. 木质余料再利用设计的个案分析

4.1　木质余料再利用设计的优秀个案

1. 木质余料一般都具有体积小，形状多样，规格不一等特点，可以根据这样特点，设计一些小挂件、佛珠、风水摆件等。这样的设计主要基于商品论设计方法进行设计，具有创新性地设计出人们日常生活中使用的产品。充分体现了木质余料再利用设计的经济价值。如图1所示。

图1　挂件、佛珠、风水摆件等产品

2. 如图2所示，这是一个纯手工工艺制作的木质余料手表。由于手表零件的制作要求和木材自身材质的特性，木质余料一般很难作为原材料被应用到手表制作中去。但设计师以高超的工艺技术解决了各种制作困难，除了必要的弹簧零件为金属外，其他齿轮、表壳、表带等部件都是用坚硬的木材余料制作而成。

这个手表充分体现了设计师的高超制造工艺，虽然手表的设计在外观上与普通手表无太大的差异，但设计师运用木质余料也能制造出如此令人惊叹的手表，这简直就是一件艺术品，充分体现了木质余料再利用设计的艺术价值。

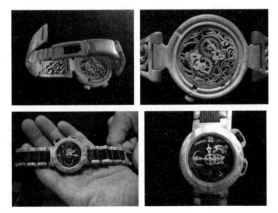

图2　纯手工工艺制作的木质余料手表（作者：Valerii Danevych 来源：全球名表库）

3. 如图3所示，这是一件用木板余料制作的椅子。在设计和制作的过程中，设计师充分发挥了自身的创造性，在椅子的造型和结构方面都作出了很好的构思。椅子的制作中没有用到胶水和螺丝等固定材料，只是先将木板进行有计划的制作处理，在每块木板上制作一些卡口，再通过一条铁棒把木板按顺序穿起来，让每两块木板相互固定。

在自然资源日益短缺的现状下，作为设计师就要善于发挥自身的创造性，为社会，为自然环境作出应有的贡献，用设计赋予木质余料全新的社会价值。

图3　木质余料制作的椅子（作者：James Douglasla 来源：创意海报）

4.2　木质余料再利用设计自身实践

如图4所示，这个设计作品（休闲椅）的主要制造材料是用剩的圆木棍，通过组合拼接的方式，以一个新颖的造型呈现在大家面前。

作品的设计理念就是在可持续发展和绿色设计的相关内容指导下，对圆木棍余料进行再利用设计，告诫人们世界资源的日益短缺，要善于保护自然。好的作品不是只用好的材料才能设计出来，有想法，有创意也能做出好的作品。也能给作品赋予更多新的价值。

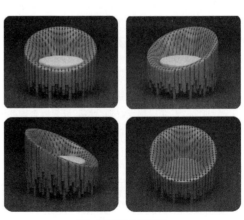

图4　休闲椅（作者自制）

5 结论

本文在分析研究木质余料大量产生的原因以及以往一般处理方式等现状的基础上，指出木质余料要经过科学合理的设计后才能产生新的价值。而这些设计方法论是创新论设计方法、功能论设计方法、艺术论设计方法、技术论设计方法、商品论设计方法。新的价值体现为经济价值、艺术价值、社会价值。在实际情况下，本文所介绍的各种木质余料设计方法论，并非都适用所有的设计和制作生产中，也并非都能如愿地赋予其新的价值体现。但在自然资源日益短缺、环境污染不断加重的情况下，希望借此能引起设计师和企业对木质余料的重视，并采用更加合理的方式进行再利用，减少资源的浪费，促进社会的和谐发展。

参考文献

[1] 随亚敏. 从科学发展观看社会的代际和谐[J]. 群文天地，2011.

[2] 翁明霞. 家具企业木质余料再利用的设计研究[D]. 南京林业大学，2010.

[3] 李薇. 对创新视觉传达设计的研究[J]. 农家科技. 2011.

[4] 莫天伟.建筑形态设计基础[M]. 北京：中国建筑工业出版社，1991.

[5] 刘文金，唐立华. 当代家具设计理论研究[M]. 北京：中国林业出版社，2007：225.

[6] 谭力.设计创造价值[D]. 南京师范大学，2011.

[7] 刘文金，唐立华. 当代家具设计理论研究[M]. 北京：中国林业出版社，2007：107.

郭振威
广东开平人，2010~2014年就读于广东肇庆学院美术学院工业设计专业。

李攀
河南信阳人，目前就读于广东肇庆学院美术学院产品设计专业。在校期间主要学习家具设计，全面系统地学习并掌握了家具方面的专业知识与相关软件的应用，利用假期时间从事过设计师助理的工作，对家具行业有一定的了解，同时具有实际的操作能力与技术。

花开花落——弘历家具

王瑞彬

内容摘要： 回归自然的家具设计

人法地，地法天，天法道，道法自然。万事万物最终都会回归到自然，这是最本质的。花开花落，落叶被细菌分解回归到大地，生成养分；花又从中吸取养分如此生生不息。然而随着人们精神需求的提高，越来越多人希望能够活地更自然、更舒适，体验自然的美妙，没有喧嚣与烦恼，寻求一处宁静。然而目前市场上的家具产品大多数以传统形态为主，从形态到功能，再到实用性上，真正能与自然结合的产品微乎其微。我们的设计以"简约、自然、通透、质朴、舒适"为主旋律，以产品与自然的有效结合为设计主题，通过作品能够带给消费者一份最自然、最舒适的回馈。

第一部分：市场调研报告，根据本设计选题通过网络调查以及实地考察的方式对目前的家具市场进行调查研究，为进行产品设计做好前期准备。通过所收集信息的分析整理，确定产品的发展方向：材质、配色、人机以及造型风格，作为此次设计可行性的依据。

第二部分：设计阶段，确立设计主题，以主题为根本对设计创意的分析；元素的收集与提取；进行设计表达与深化设计。

第三部分：实物样品的打样，对打样出来的产品进行优化修改，对结构设计进行创新。

第四部分：设计自评报告，从设计理念、市场的结合、设计能力、设计作品的社会效益四个方面进行综合评价，重点对回归自然的家具理念以及设计实践做评论。

关键词： 自然　生活方式　形态与材质　环保

1　市场调查

1.1　现有家具产品市场调研分析

此次市场调研的主要目的是：为回归自然的家具设计寻找市场可行性依据；通过对产品的调查来了解用户心理，以此作为设计方案发展的判断标准。

市场调研的意义：家具用品是最被熟知的产品，但是产品的设计不能建立在个人经验之上，需要通过资料信息收集，再通过理性分析判断后做出结论，作为产品可行性的依据之一。只有如此才能设计出真正符合用户需求的产品，我们主要以户外家具为设计方向（表1）。

家具种类　　表1

材料	功能	结构
木制家具：实木家具、红木家具、人造板家具	民用家具：套房（床、床头柜、衣柜、妆台、妆凳）、写字台、电脑台、餐台、餐椅、茶几、茶水柜、沙发、酒柜、电视柜、地柜、鞋柜等	折叠家具：椅子、桌子、餐台等
金属家具：铁家具、不锈钢家具、合金家具、玻璃家具	办公家具：大班台、经理台、职员台、电脑台、文件柜、屏风、会议台、会议桌、大班椅、中班椅、职员椅、沙发系列等	组合家具
竹藤家具：竹家具、藤家具、柳编家具	酒店家具：套房类、办公类、卡拉、淋浴、桑拿、躺床等	联壁家具
石材家具：天然理石家具、人造理石家具	仿生家具	悬吊家具：吊柜、吊厨等
软体家具：真皮家具、仿皮家具、布艺家具、陶瓷家具	无	无

以户外家具品牌为分析　　表2

Artie		度假式家具，以中高端市场为主，设计新颖有独特的品牌理念，销售市场以欧美、俄罗斯、中东等为主
MBM		藤类户外家具为主，高端市场，可持续材料的运用
Dedon		高端市场为主，设计前卫，简洁其产品有独特的环保纤维材料，销售市场较广
SORARA		户外空间配套为主，量身定制个性花园，比较完整的产品服务

续表

Royal botania		综合性家具，各类风格的家具产品，涉及家居、建筑、饰品等，有着独特风格的设计

从表2可以看出，各个公司有着自己的设计理念和独特的产品，大多数以中高端为市场。虽是户外家具，但涉及种类比较广泛，有多种产品来满足用户需求。

1.2　现有家具产品色彩分析

色彩分析：图1可以明确看出以下特点

单一　──→　古朴　──→　靓丽

图1

单一型：配色整体偏向清新淡雅，颜色明度高，色彩饱和度相对偏低，大多数以纯色居多，常用黑、白、灰等单色系配色。

古朴型：整体以自然材质保留其本有的色彩为特点。织物及其藤物多采用灰色、褐色，给人更贴近自然、淳朴的感觉。

靓丽型：多数以单色鲜艳色彩或多种颜色及其材质不同搭配而成，给人以明朗、活力、引人注目的感觉。

色彩设计应使用户心情愉悦，有安全感并且不容易产生视觉上的

疲劳，如果大面积的运用纯色未免会使用户视觉疲劳。而且要与使用的环境相互协调，这也就导致了同产品不同颜色，或者多产品多颜色的局面。而我们需要做的仅仅是满足部分消费者的需求。

1.3 现有家具产品风格分析
产品形态分析：
图2产品的造型特点：

古典 ——→ 新古典 ——→ 现代

图2

古典类：此风格继承了巴洛克风格中豪华、动感、多变的视觉效果，也吸取了洛可可风格中唯美、律动的细节处理元素。大至吊顶、卫浴、楼梯隔栏，小至壁画、灯具甚至一个镜面都要有着欧洲古典风味。在设计时强调空间的独立性，配线的选择要比新古典复杂得多。更适合在较大别墅、宅院中运用而不适合较小户型。欧式古典风格追求华丽、高雅，典雅中透着高贵，深沉里显露豪华，具有很强的文化韵味和历史内涵。空间上追求连续性，追求形体的变化和层次感。室内外色彩鲜艳，光影变化丰富；为体现华丽的风格，家具、门、窗多漆成白色，家具、画框的线条部位饰以金线、金边。

新古典类：新古典主义的设计风格，就是用现代的材质打造简化了的古典家居风貌。摒弃了过于复杂的肌理和装饰，简化了线条，并与现代的材质相结合，将怀古的浪漫情怀与现代人对生活的需求相结合。是今年流行的家居风格。

现代类：形态比较传统，线条相对硬朗，给人以厚实、有力度的视觉效果，品味高雅、简洁和实用是现代风格的基本特点。再就是造型、结构简练大方，整体配套自然和谐，色彩淡雅，与其他色彩搭配有很大的相容性。这种立体感和艺术感给人品位超群的印象。家具用料一般采用中密度板，体现出设计者和生产商的环保意识，贴近实际生活，有浓厚的人情味。

图3产品的造型特点：

图3

图3涉及的风格特点比较综合，但是大部分形态都以曲线柔和美为主，并与材质（藤、金属、织物、原料木材等）结合产生不同的风格和美。

1.4 现有家具产品材质分析

大致可以分为这几大类：木材、金属、竹藤类、石材、软体（图4）。

1. 木材类：松木、橡木、桦木、水曲柳（白蜡木）、樟木、栎木（柞木）、榆木。

图4

（1）木材特性：

①松木：不需雕饰，纹理清晰，线条细腻，带有松香味，有漂亮的结疤。它具有色淡黄、对大气温度反应快、容易胀大、极难自然风干等特性。

②橡木：优点：具有比较鲜明的山形木纹，并且触摸表面有着良好的质感，适合制作欧式家具。

缺点：优质树种比较少，如果采用进口，价格较高；由于橡木质地硬沉，水分脱净比较难，未脱净水制作的家具，过一年半载会开始变形；市场上以橡胶木代替橡木的现象普遍存在，如果顾客专业知识不足，直接影响着消费者的利益。

③桦木：易加工，切面光滑，油漆及胶合性能好，树皮柔韧美丽。

④水曲柳：年轮明显但不均匀，木质结构粗，纹理直，花纹美丽，有光泽，硬度较大。水曲柳具有弹性、韧性好、耐磨、耐湿等特点。但干燥困难，易翘曲。加工性能好，但应防止撕裂。切面光滑，油漆、较黏性能好。

⑤樟：它木质细密，纹理清晰美丽，质地坚韧的特点。同时它也具有一定的木质味。

⑥栎木：俗称柞木。重、硬、生长缓慢，心边材区分明显。纹理直或斜，耐水耐腐蚀性强，加工难度高，但切面光滑，耐磨损，胶接要求高，油漆着色、涂饰性能良好。

⑦榆木：木材纹理通直，花纹清晰，木材弹性好，耐湿、耐腐，心边材区分明显，边材窄暗黄色，心材暗紫灰色；材质轻较硬，力学

强度较高，纹理直，结构粗。可供家具、装修等用，榆木经烘干、整形、雕磨髹漆、可制作精美的雕漆工艺品。在北方的家具市场随处可见。变形概率小。

2. 金属材质：

现代金属家具的主要构成部件大都采用各种优质薄壁碳素钢管材、不锈钢管材、钢金属管材、木材、各类人造板、玻璃、石材、塑料及皮革等。下面简单介绍其常用金属材料。

（1）普通钢材

钢是由铁和碳组成的合金，其强度和韧性都比铁高，因此最适宜于做家具的主体结构。钢材有许多不同的品种和等级，一般用于家具的钢材是优质碳素结构钢或合金结构钢。常见的有方管、圆管等。其壁厚根据不同的要求而不等。钢材在成型后，一般还要经过表面处理，才能变得完美。

（2）不锈钢材

在现代家具制作中使用的不锈钢材有含13%铬的13不锈钢，含18%铬、8%镍的18－8不锈钢等。其耐腐蚀性强、表面光洁程度高，一般常用来做家具的面饰材料。不锈钢的强度和韧性都不如钢材，所以很少用它做结构和承重部分的材料。不锈钢并非绝不生锈，故保养也十分重要。不锈钢饰面处理有光面（或称不锈钢镜）、雾面板、丝面板、腐蚀雕刻板、凹凸板、半珠形板和弧形板。

（3）铝材

铝属于有色金属中的轻金属，银白色，相对密度小。铝的耐腐蚀

性比较强，便于铸造加工，并可染色。在铝中加入镁、铜、锰、锌、硅等元素组成铝合金后，其化学性质变了，机械性能也明显提高。铝合金可制成平板、波形板或压型板，也可压延成各种断面的型材。表面光滑、光泽中等；耐腐性强，经阳极化处理后更耐久。常用于家具的铝合金，成本比较低廉，由于其强度和韧性均不高，所以很少用来做承重的结构部件。

（4）铜材

铜材在家具中的运用历史悠久，应用广泛。铜材表面光滑，光泽中等、温和，有很好的传热性质，经磨光处理后，表面可制成亮度很高的镜面铜。铜常被用于制作家具附件、饰件。由于其金黄色的外表，使家具看上去有一种富丽、华贵的效果。铜材长时间会生绿锈，故应注意保养，定期擦拭。常用的铜材种类有：

①纯铜，性软、表面平滑、光泽中等，可产生绿锈。
②黄铜，是铜与亚铝合金，耐腐蚀性好。
③青铜，铜锡合金，常表现仿古题材。
④白铜，含9%～11%镍。
⑤红铜，铜与金的合金。

金属家具的优越性使其在近现代的家具市场中占有很大份额，其中有全金属制品和金属与其他材质的混合制品，可以说是琳琅满目，品种繁多。在混合制品中最常见的有钢木混合家具、钢与皮革混合座椅、钢与塑料混合以及钢与玻璃混合家具等。

3. 竹藤类：

（1）藤类：

①棕榈藤

棕榈藤是制作藤家具的主要原料。我国棕榈藤被利用的有3属20种。主要商品藤种产于海南和云南西双版纳地区。海南以黄藤、白藤、大白藤、百藤及杖藤为主，年产量约4000t，最高年产量6500t。云南以小糯藤、大糯藤为主，年产量1000~2000b，两产区产量占全国总产量的90%以上，其他地区产量较少。目前，一些质量较好的藤种，如小径藤、桂南省藤等，虽分布范围窄，资源数量少，尚未得到广泛的利用，但其茎粗细均匀、韧性好，具优良工艺特性，市场价值高，因此具有很大的发展潜力。

根据藤茎的特性和质地及贸易情况，我国的商品藤可分为五类：黄藤（红藤）类；小钩叶藤（含棉叶藤、海南钩叶藤）类；省藤属小茎级藤类（藤径<10mm），含小省藤、多穗白藤、上思省藤、小白藤、多刺鸡疼藤及短轴省藤；省藤属中茎级藤类（10mm≤藤茎≤15mm），含单叶省藤、云南省藤、麻鸡藤及短叶省藤（厘藤）；省藤属大茎级藤类（15mm≤藤茎），含短叶省藤（厘藤）、盈江省藤、大白藤（苦藤）、长鞭省藤、勐棒省藤、勐腊鞭藤。在云南，人们根据生产实践中对藤条韧性及强度的理解，将商品藤归纳为两类：糯藤和饭藤。糯藤质地好、弹性大、韧性强、弯曲性能良好，含云南省藤、版纳省藤、小省

藤及麻鸡藤，是良好的劈篾用材，也可用于制作骨架；饭藤刚度大、易劈裂、加工性能，多用作骨架用材，包括长鞭省藤、勐棒省藤、勐腊鞭藤及钩叶藤等。

去鞘藤茎在藤家具业称藤条，似竹，为实心。藤条表皮一般为乳白色、乳黄色或淡红色，有的藤皮表面有斑点花纹，俗称斑藤，具有天然的装饰性。还有玛瑙省藤，俗称竹藤，是藤中之王，材质优良，表面色泽好，是较昂贵的藤材。

棕榈藤是优质的藤材，属木本藤材，是目前藤家具广泛利用的材料，棕榈藤家具也是人们普遍认可的藤家具。同时，有的藤材表皮有斑点花纹，用这样的藤材制成的家具又叫花藤家具，这类家具自然装饰较好。可将花藤作为家具造型设计的一个设计要素，如何用人工的方法烤出美丽的花纹，也是值得研究的。

②青藤

青藤是我国特有的野生植物资源，为防已科木质藤本植物，主要分布于我国陕西、湖北、四川、湖南等省，也是我国藤家具的主要生产原料之一。青藤的茎为实心而富韧性，干后表皮为米黄色，光滑悦目，耐腐、耐磨。青藤人工栽培容易、见效快、效益高。

③其他藤类

如葛藤、紫藤、鸡血藤等，也有被用于生产藤家具，主要用来编织。葛藤是豆科多年生藤本植物，在我国的分布极广，几乎覆盖全国各省区。

青藤、葛藤、紫藤等在我国民间，也被人们就地取材，编织藤家具。这类家具其材料曲折盘旋的特性和弯曲性能及编织性能有与棕榈藤相近的地方，同时其家具的艺术品位也与藤家具相似。当然，这类藤编家具，在品质和档次上，都劣于棕榈藤编家具。但在我国，这类藤材文人墨客赋予其极深的文化内涵。用这些藤材制成的藤编家具，其文人气息及其所蕴涵的桃园气息不言而喻，家具深具文化内涵。

（2）仿藤类：

仿藤家具是指一种类似于或是代替藤家具的产品，仿藤家具的材料形似于真藤。

仿藤家具也可分为：塑料藤家具、海藻藤家具、纸藤家具等。常见的仿藤家具材料为PE藤和PVC藤，PE是聚乙烯、PVC是聚氯乙烯，都是高分子的聚合物。常见的户外仿藤家具产品都是以PE仿藤家具为主。

仿藤家具清新好打理，价格有一定优势，更加环保。

4. 软体：以海绵、织物为主体的家具，例如沙发、床等家具。软体家私属于家私中的一种，包含了休闲布艺、真皮、仿皮、皮加布类的沙发、软床。现代家私分类更为明细的一种家私类型。软体家私的制造工艺主要依靠手工工艺，主工序包括钉内架、打底布、黏海绵、裁、车外套到最后的扣工序。

5. 石材家具主要有：天然大理石，人造大理石，树脂人造大理石。选取天然大理石色彩自然，环保；人造大理石色彩丰富，不耐磨；

树脂人造大理石品种多，色彩逼真，适合装饰任何场所的物品！

1.5　现有家具产品人机分析

椅子座高从380~540mm，根据使用环境的不同不能一概而论，但是这个尺寸适合大部分人体坐高。单人椅子座宽宜大于4.6坐姿臀宽，国标数值范围约370~420mm。椅子座深约370~390mm，座深过深，起坐困难。椅子背高约480~500mm。扶手高度（坐垫有效厚度以上）210~220mm。扶手起到减轻手臂下垂重力对肩部的作用，使人体处于稳定状态，可以作为起身的支撑点，所以舒适度很重要。一般椅面倾斜度5°~10°，沙发和安乐椅8°~15°（图5、图6）。

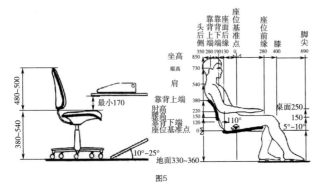

图5

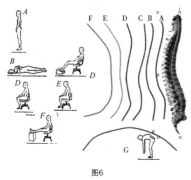

图6

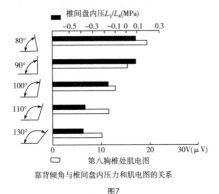

靠背倾角与椎间盘内压力和肌电图的关系

图7

图7可以看出人体姿势是决定椎间盘内压力的主要因素，因此应该保持脊柱自然"S"形，人就应直腰坐着，再稍微弯曲身体达到最科学、最舒适的坐姿状态。靠背最佳倾角为<120°，坐面最佳角度<14°，靠背应有40~50mm的低靠腰，以支撑身体上部分的重量，从而减小椎间盘内压力。

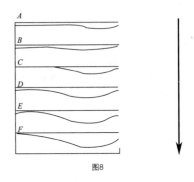

图8

坐垫的软硬程度影响椎间盘内压力从而影响舒适感。从图8中A-F坐垫从硬到软，最舒适到弹性范围约12mm。

2　设计阶段

2.1　确立设计定位

做过市场调研，可以总结出我们的定位在中高端市场，风格特点带着现代简约风格，色彩风格偏向自然（表面处理），材料为环保的铝材。目标人群：喜欢自然，体验生活的用户。我们的理念是打造一个适合室内外，贴近自然，让用户体验最舒适的生活方式的家居用品。

2.2　创意点的分析（头脑风暴）

经过头脑风暴最终确定以"花朵"为元素基础而展开设计（图9）。

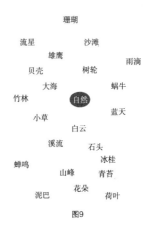

图9

2.3　元素的收集与提取

元素收集（图10）。

图10

元素提取（图11）。

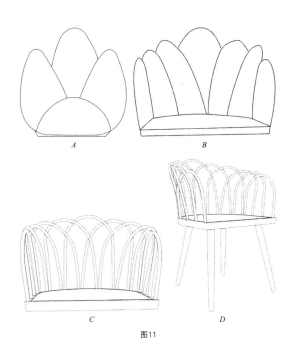

图11

2.4　进行设计表达与深化设计（模型及渲染）

如图12。

图12

3　实物样品的打样

3.1　针对外观形态对结构设计的优化

1. 为解决外观视觉上看不到螺丝，对坐垫和靠背（花瓣）进行结构上的设计图13。

图13

2. 为解决坐垫舒适度问题而进行优化，利用线拉网格做基础（保证一定的支撑力度和通透性），在基础上增加防水坐垫，保证弹性范围在最佳的数值内，对靠背装加了织物,让用户使用的时候更加有触感和亲切度（图14）。

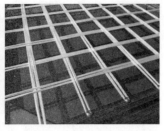

图14

3.2 对实物产品打样

最终采用木纹的褐色扫漆，作为产品基调，配合靠背布袋，跟初衷的设计想法比较一致。

图15

4 设计自评报告

4.1 设计理念、市场结合度、产品创新力度、社会效益

我们的设计相对符合简约、自然的特点，产品在外观到结构的设计上均有着自己的专利，而这种形式的产品在国内市场几乎很少见，我们的材料以铝材为主，扫漆为辅，多种材质进行结合。耐用和环保不失设计美，相信能给市场带来利益，能给消费者带来舒适的体验和品质，而销售力度上，我们以参加展会为主，2017年春、秋季均获得许多采购商认可，相信我们中国制造和设计出来的产品会走得更远更长。

参考文献

[1] 彭亮主编. 家具设计与工艺［M］. 北京：高等教育出版社，2012.

[2] 产品设计工艺［M］.中国青年出版社，2008.

[3] 朱序璋主编. 人机工程学［M］. 西安：西安电子科技大学出版社,2001.

[4] 刘谊才，李文痒主编. 工业产品造型设计［M］. 科学出版社,1993.

[5] 百度文库.

[6] 韩晓建，邓家提. 产品概念设计过程的研究［M］.2000.

[7] 中国建筑科学研究院发表的"人体尺度的研究"中有关我国人体的测量值作为家具设计的参考，1962.

王瑞彬

2014年毕业于顺德职业技术学院，就读产品设计专业。在校期间作品"梦幻泡影"在第六届省长杯佛山联赛优秀奖。忘忧草卫浴设计系列获得佛山市三产合一优秀学员奖。作品素食锅，祥云盘在第二届滨海杯入围。 2014年3月参加工作，在佛山一电器公司担任助理工程师。对钣金及其工艺方面有了更深的认识，设计的产品在广交会上展出。2015年7月受某设计公司邀请，参与本田·飞度项目设计中的音乐主题的设备调试。2016年开始步入家具行业，在顺德某家具公司担任设计师。"制心一处，无事不办"这句话是我对设计与艺术的坚持，希望未来的路可以走得更长、更远。

基于TRIZ功能裁减法的自平衡担架设计研究

张 欣

内容摘要：目的，研究解决自平衡担架单向等问题。方法，运用组件相互作用分析、功能模型、裁减法、功能导向搜索法等方法，可以产生新的创意。结论，对于脊椎受伤的人群，担架在上下坡和楼梯的再次倾斜会对其造成二次受伤，需要创新设计出能自动平衡的担架，但自平衡担架又会出现只能单向使用等问题。通过运用TRIZ创新方法的工具和算法，解决自平衡担架单向等问题，对产品创新及改良具有重要意义。

关键词：TRIZ理论　功能裁减　创新设计　平衡担架

担架是转移运输伤员最常用的一种工具，在生活中也能经常见到担架的出现，无论是战场、火灾、医护乃至是运动场都能见到使用担架。它是很多伤员和病人在事发后与医疗接触的第一站，所以在伤员和病人的心目中应该是一个很安全放心的地方。而担架也有个自己的天敌，即倾斜。从楼梯到斜坡再到凹凸不平的地形，倾斜到处可见。普通的担架需要人一上一下进行抬动，当两个人走到斜坡的时候，斜坡有斜度的原因，两个人会形成高度差，担架会发生倾斜。躺在上面的人，舒适性不好。普通的病人觉得心慌、不安全，脊椎受伤和脖子受伤的病人会非常痛苦，甚至会威胁到他们的生命。如果担架未配备安全带，躺在上面的人会有跌落的危险。如果想让躺在上面的人安全舒适，需要抬动的人做出牺牲，较低位置的人，抬高手臂使担架回归水平位置，或位置较高的人弯下腰抵消两人的高度差。但是这两种方法在操作中非常不方便，并且容易造成抬担架的人肌肉受损或者扭伤。为了解决这个问题，这里设计了一款能自动保持平衡的担架。

1 单向使用的自动平衡担架设计

该自平衡担架设计的3个创新点：（1）担架的自平衡装置；（2）担架的中心旋转把手（3）担架可拆卸的担架窗体。（1）自平衡装置。要实现无论前后抬担架的人是否处于同一水平位置，担架始终保持水平。采用四杆联动结构加直线电推杆作为动力源。内置陀螺仪芯片用于检测担架倾斜程度。那么当担架发生倾斜的时候，陀螺仪芯片就会发出信号，触发开关，启动电推杆。陀螺仪芯片在检测到担架处于非水平状态的时候，触发电推杆开关，启动拥有300 kg推力的电推杆，

电推杆通过伸缩带动四杆联动结构，从而顶起担架床体，使担架床体回到了水平平衡的位置。当担架处于倾斜状态，抬担架的人的手腕会随着担架倾斜，受力会发生改变，非常不舒适。（2）360°自由旋转的把手，无方向限制。在抬担架中，无论担架角度如何改变，抬担架的人的手都能保持舒适。（3）当在使用中无倾斜状态时，担架床可拆卸，这样可与自平衡装置快速分离。但是在自平衡担架的设计使用过程中发现只能单向使用等问题，就是只能固定用担架的一端进行上下楼梯，一旦在紧急状况将担架的方向拿反了，不仅造成救援过程不便，更会浪费宝贵的救援时间。所以我尝试通过运用TRIZ创新方法的工具和算法，解决自平衡担架单向等问题（图1）。

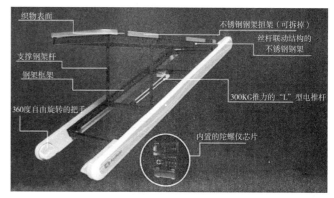

图1　自动平衡担架设计

2 基于功能裁减法的设计创新

2.1 组件的相互作用分析和功能建模

首先，对担架组件相互作用关系分析。组件是组成工程系统或者超系统的一个部分。组件相互作用分析是在问题识别阶段的一个步骤，它是用来识别一个工程系统中的组件。在这个过程中，工程系统以及与之相互作用和共存的超系统的相关组件被识别出来。

担架的功能是支撑病人和移动病人。根据TRIZ对功能和组件相互作用关系的定义，进行自动平衡担架的组件分析。在相互作用矩阵的行和列中使用相同顺序输入组件。在行和列有相互作用的方格中标上

"+"号，在其他所有的方格中标上"-"号。(担架组件相互作用分析见表1，担架功能建模见图2)。

担架组件相互作用分析　　　　表1

	织物	担架钢架	结构钢架（上）	支撑钢架杆	钢架框架（下）	L型电推杆	陀螺仪芯片	把手
织物		+	-	-	-	-	-	-
担架钢架	+		+	-	-	-	-	-
结构钢架（上）	-	+		+	+	-	-	-
支撑钢架杆	-	-	+		+	+	-	-
钢架框架（下）	-	-	+	+		+	-	+
"L"形电推杆	-	-	-	+	+		-	-
陀螺仪芯片	-	-	-	-	-	-		-
把手	-	-	-	-	+	-	-	

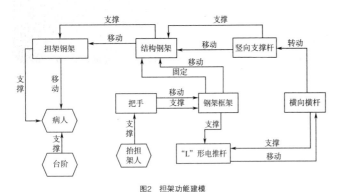

图2　担架功能建模

2.2　功能裁减法及创新设计

首先，选择需要解决担架只能单向使用问题的相关功能分析图，发现如果想转动右侧担架板，功能不足，因此可以加入"X"元素，"X"元素为和左侧担架系统一样的竖向支撑杆、横向支撑杆和电推杆3

个。在这里可以使用TRIZ理论的裁减法来解决工程系统的问题(图3)。

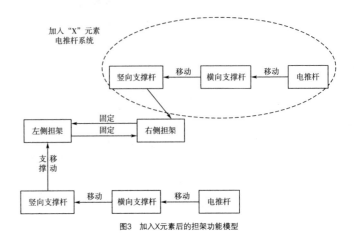

图3　加入X元素后的担架功能模型

裁减法是一种移除（裁减）系统或超系统特定组件并在剩余组件之间重新分配有用功能的分析方法工具。裁减法是基于项目目标和约束选择组件，以最大限度地改善工程系统。裁减有3条规则：如果移除对象有用功能，功能载体可被裁减；如果功能对象自身执行有用地能，功能载体可被裁减；如果另一个组件执行其有用的功能，功能载体可被裁减。

根据裁剪规则B，如果功能对象自身执行有用功能，功能载体可以被裁剪。在当前系统中，由于系统中电推杆是相对价值较高，且占空间大，因此首先尝试裁剪电推杆。当裁剪掉电推杆时，就必须选择一个组件作为功能载体。在裁减法中，选择一个组件作为功能载体，至少应满足如下4个条件之一：（1）组件已经对功能对象执行了相同的或类似的功能；（2）组件已经对另一个对象执行相同的或相似的功能；（3）组件对功能对象执行任一功能，或至少简化功能对象的交互；（4）组件拥有必要的资源组合，以执行所需的功能。根据条件（4）可选择横向支撑杆自己完成支撑右侧担架的作用。由此可以得到新的创新设计方案A（图4）。

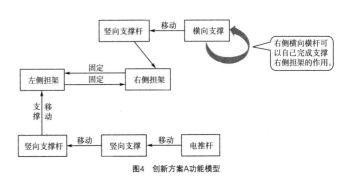

图4　创新方案A功能模型

根据创新方案A的功能模型得到如图5所示的创意。当需要左侧担架抬起时，右侧担架框架和担架板固定，右侧横向模板固定，推杆推动左侧横向模板，左侧横向模板推动左侧竖向竖杆，左侧竖板推动左侧担架板，当需要右侧担架抬起的时候，左侧担架框架和担架板固定，左侧横向模板固定，推杆推动左侧横向模板，但左侧模板固定，所以给右侧模板一个反向作用力，右侧模板推动右侧竖杆，右侧竖板推动右侧担架板。

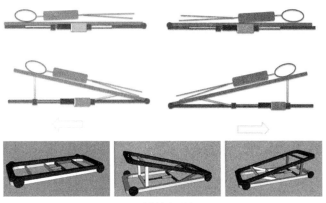

当需要左侧担架抬起时，右侧担架框架和担架板脚链固定，推杆推动担架板抬起。当需要右侧担架抬起的时候，左侧担架框架和担架板脚链固定，推杆推动担架抬起。

同样是根据裁剪法，可以采用左侧竖向支撑杆老支撑右侧担架，则可以得到创新方案C的功能模型，如图7所示。根据裁剪后的功能模型，构想可实现的解决方案，但是未找到很有效的设计方案。这可阶段采用TRIZ中的功能导向搜索工具。具体步骤如下：

第一步找到要解决的具体问题：使竖向推杆的单向推力既可以推担架左侧，又可以推担架右侧。第二步找到需要执行的特定功能：使推杆单向推力可以实现两个方向不同时的推力。第三步找到需要的参数为：担架双向转动的角度不得大于15°；双向推力不能同时发生；由推杆行程固定；低成本。第四步执行功能一般化描述：将一个方向的力转化为两个方向的力。第五步在相关和非相关产业中寻找类似功能的其他技术：杠杆远离、塔吊机远离、汽车离合器。最后选择借鉴杠杆原理完善系统。根据受力分杆，决定将竖板固定在担架中间位置，则两边受的推力大小相等。当需要左侧担架抬起的时候，右侧担架框架和担架板固定，右侧横向模板固定，推杆推动左侧横向模板，左侧横向模板推动左侧竖向竖杆，左侧竖板推动左侧担架板；当右侧担架要抬起时则反之。

运用TRIZ的创新方法，通常都可以得到不止一个的解决方案。根据裁剪规则C：如果另一个组件执行其有用功能，功能载体可以被裁剪，我们将加入的X元素的3个组件全部裁减掉。在这种情况下可以执行支撑移动左侧担架的有可能为以下3个组件：竖向支撑杆、横向支撑杆、电推杆，我将他们进行排名。根据选择的原则：选择一个组件作为功能载体，满足4个条件之一：组件经过对另外一个对象执行相同或相似的功能。根据这个条件，选择电推杆来移动和支撑右侧担架，发现也可以裁剪掉左侧担架的竖向支撑杆和横向支撑杆，因此就可以得到创新方案B。

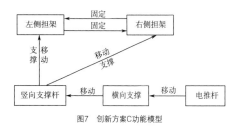

图7　创新方案C功能模型

3　结语

那么根据裁剪法，可以得到以上3个创新的解决方案。通过仔细深化，已经申请了实用新型专利。但是这3个解决方案不一定是对系统改动最小，最合理的解决方案，通过小人法、ARIE算法等可以得到了更多更好的方案。但是，通过这个案例的应用，可以看出功能裁剪法是一个方便快捷有效的方法。基于功能裁减的创新设计，通过分析现有技术组件之间的功能关系，重新分配有用功能，简化组件，最大限度改善工程。如果将裁减法的创新方案设计运用到专利规避中，也能打破专利壁垒获得新的产品，帮助企业夺得市场。

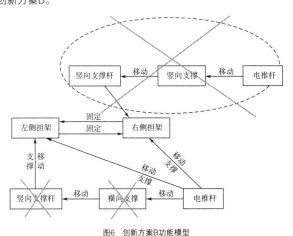

图6　创新方案B功能模型

参考文献

[1] 王朝霞，邱清盈，冯培恩等. 机械产品专利技术方案信息抽取方法[J]. 机械工程学报，2009，45（10）：198—206.

WANG Chao-xia, QIU Qing-ying, FENG Pei-en, et al.Information Extraction Method of Technical Solution from Mechanical Engineering[J]. Journal of Mechanical Engineering, 2009, 45（10）：198—206.

[2] JANTSCHGI J, FRESNER J. LinkingTRIZ &Sustainability（Training and Consulting Models）[C]. The Fourth European TRIZ Symposium, 2005.

[3] 施炳轩. 专利回避设计策略研究[D]. 杭州：浙江大学，2006.
SHI Bing-xuan.Resarch on Strategy of Design around Patent[D]. Hangzhou：Zhengjiang University, 2006.

[4] 李辉，刘力萌，赵少魁等. 面向机械产品专利规避的功能裁剪路径研究[J].中国机械工程，2015, 26（19）：2581—2589.
LIHui, LIU Li-meng ZHAO Shao-kui, et al. For the Function of Mechanical Product Patent to Avoid Cutting Path Research[J]. China mechanical Engineering, 2015, 26（19）：2581—2589.

[5] 刘江南，于德介，彭丽等. 基于裁剪法的机构综合专利利用再创新模型[J]. 湖南大学学报（自然科学版），2013, 40（10）：43—51.
LIU Jiang-nan, YU De-jie, PENG Li, et al. Based on the Comprehensive Patent Agencies Use to Innovation Model of Cutting Method[J]. Journal of Hunan University（Natural Science Edition）, 2013, 40（10）：43—51.

[6] KIMJH, KIMIS, LEEHW, et al. A Study on the Role of TRIZ in DFSS[C].SAE International Journal of Passenger Car-Mechanical Systems, 2012.

[7] 江屏，罗亚平，孙建广等. 基于功能裁剪的专利规避设计[J]. 机械工程学报，2012, 48（11）：46—54.
JIANG Ping, LUO Ya-ping, SUN Jian-guang, et al. Based on the Function of Cutting the Patent to Avoid Design [J]. Journal of Mechanical Engineering, 2012, 48（11）：46—54.

[8] 韩彦奥. 基于TRIZ理论功能裁剪的产品创新设计[J]. 制造业自动化，2013, 35（1）：150—156.
HAN Yan-ao. Product Innovation Design Based on TRIZ Theory Function to Cut[J]. Manufacturing Automation, 2013, 35（1）：150—156.

[9] 于菲，檀润华，曹国忠等. 基于系统功能模型的元件裁剪优先权研究[J]. 计算机集成制造系统，2013, 19（2）：338—347.
YU Fei, TAN Run-hua, CAO Guo-zhong, et al. Based on the System Function Model Component Tailoring PriorityResearch[J]. Computer Integrated Manufacturing System, 2013, 19（2）：338—347.

[10] 刘宁，李艳，金琳等. 基于功能导向搜索和功能裁剪的专利规避设计[J]. 北京印刷学院学报，2015, 26（2）：48—51.
LIU Ning, LI Yan, JIN Lin, et al. Based on the Function Orientation Search and Tailoring Patent to Avoid Design [J]. Journal of Beijing Institute of Printing, 2015, 26（2）：48—51.

张欣

本科毕业于南京理工大学，硕士毕业于广州美术学院，现为广东工业大学在读博士。作为副教授受聘于广东工业大学艺术设计学院。广东省一级工业设计师、国家二级创新工程师、国际MTRIZ三级创新工程师。本人共主持参与项目10余项，其中本人主持了2项省级纵向课题、1项校级纵向课题。获得实用新型专利30余项，发明专利五项。国内外工业设计大赛屡获奖项20余项，获得美国IDEA设计大赛、德国红点等国内外大赛大奖，作品多次参加展览，获得汪洋等国家领导人高度评价。并接受南方都市报、广东电视台、东莞电视台和东莞日报采访。发表学术论文十多篇，编写教材和著作5本。获广东省人力资源保障厅颁发广东省十大工业设计师称号，获广东省"青年岗位能手"荣誉称号，"十大新锐设计师"称号，技术能手称号。获广东省妇联颁发的巾帼建功先进个人称号。

车载空气净化器的可持续设计研究实践

郑小庆

内容摘要：当今世界伴随着人类工业文明的飞速发展，经济增长和物质消费的负面影响带来了地球环境持续恶化的一系列问题，可持续发展已成为世界性的焦点话题，在此背景下，设计界也在思考可持续设计，诞生了可持续设计理念。本文以企业一线驻厂工业设计师的角度，以可持续设计的原则和方法为指导，从一个车载空气净化器新产品开发项目入手，从自己亲身的工作实践，探索和研究可持续设计在实际新产品设计中的应用。

关键词：可持续设计　车载空气净化器

在设计车载空气净化器之前，先来了解可持续设计的一些基本概念和原理，只有理解这些相关知识，才能在具体设计中以可持续理念来指导设计过程，真正使可持续设计的学术研究转化为实实在在的可持续产品实践。

1　可持续设计的背景

当今世界，资源枯竭，环境污染，生态破坏，温室效应，气候反常，灾难频发……人类赖以生存的地球正经历前所未有的迫害，可持续发展已经成为全世界的焦点话题，尤其是当下中国在经历经济高速发展的背景下，产生了一系列的对生态环境的破坏，人们忍受了GDP高歌猛进后所付出代价——雾霾、污水、酸雨、有毒食品等，直接影响当代人生活的方方面面，甚至对子孙后代遗祸无穷。

上到政府层面，科学发展观，可持续发展的政策制定，下到企业、个人，无一不给每一个公民规划当前与未来的发展战略，在生产制造企业，企业赖以生存的是实实在在的产品，如何在产品设计中以可持续设计思维为指导原则，以国家倡导的"中国制造"向"中国创造"转型，从产品设计向服务设计转型，挖掘产品背后的附加值，减少制造成本，提高资源利用效率，从而减少对资源的消耗，对环境的破坏，是接下来本文要探讨的。

2　什么是可持续设计

"可持续设计"——"DFS"即"Design For Sustainability"，源于可持续发展理念，是设计界对人类发展与环境问题之间关系的深刻思考以及不断寻求变革的实践历程。实质是通过设计实践、教育和设计研究等手段来践行"可持续设计"理念。它一方面与"绿色设计"、"生态设计"以及"产品生命周期设计"等概念有着密切的联系，另一方面又有着自身特点。具体说来，"可持续设计"与一般以单纯物质产品为输出的设计不同，它是透过整合产品及服务以构建"可持续的解决方案"（Sustainable Solution）去满足消费者特定的需求，以"成果"和"效益"去取代物质产品的消耗，而同时又以减少资源虚耗和环境污染，改变人们社会生活素质为最终目标的一种策略性的设计活动[①]。

3　可持续设计中的原则和思维方法

可持续设计的发展大体经历了4个阶段，每个阶段都是在上一阶段的基础上不断完善和加入新的意义。

（1）绿色设计

强调使用节能环保材料，指导原则是4R（Reduce缩减，Recycle再循环，Reuse再利用，Restore恢复），早期的绿色设计，是停留在过程后的干预，是意识到环境危害后的一种补救措施。

（2）生态设计

是关注整个产品生命周期的设计方法，不仅注重结果，也强调对设计过程的各个阶段的关注，是过程中的干预。

（3）产品服务系统设计

是从只对产品的关注，到超越物化产品，进而全面衡量产品和服务的系统设计理念，是对产品和服务层面的关注。

（4）为社会公平、和谐的设计

即乐活理念，涉及文化的可持续、价值观、消费观的转变等，是对可持续的消费模式和生活方式的关注。

从上述几个阶段中总结出可持续设计的原则：

使用极大化设计——从品质角度上采用组合设计、技术先行设计、产品使用性设计、耐用性的高品质设计、延长产品使用周期的设

---

① 参见刘新著．可持续设计的观念、发展与实践．

计、活用性的设计、多功能设计；从福祉角度上采用感性效果增大、无毒性、健康的材料、环境亲和的、低噪声（或无噪声）、感性亲和的设计、人文关怀的设计、健康管理设计等；

环境影响减少的设计——从材料角度上采用生物分解性、易于装配、材料最少化、易于维修、产品生命周期容易增加、无毒性、天然材料、再使用可能、可回收、安全卫生的设计，从工程角度上采用可控制的、节约成本、考虑废弃以后的设计、（易于维修）模块化设计、减少零件、减少再加工过程、减少材料的种类、减少废弃物、产品系统化等；

通过能源资源活用战略的设计——从能源角度上采用生物多样性、仿生学、生态设计、能源节约与保护、能源效率、能源使用的最小化、化学燃料使用的最小化、污染最小化等，从包装（运输）角度上采用可折叠、产品和统一包装的概念、容易装配、地域化、减少碳排放、减小体积和重量、减少包装和搬运垃圾、地域产业活用。

从上述思维原则中总结出可持续设计的方法步骤：

询问设计的前提——追溯问题的本质，反思设计的途径。

↓

请不那么复杂。——简洁，美观的设计可以减少材料，重量和制造工艺。简单的设计通常也意味着更低的各种材料，可以帮助更多的产品可回收再利用。

↓

使它更实用。——多用途的产品可以降低消耗，提高便利。

↓

减少材料种类。

↓

避免有毒、有害的材料和化学品。

↓

减少尺寸和重量。

↓

优化制造工艺。

↓

与产品同时设计包装。

↓

可升级设计。

↓

创造耐用和高品质的设计。

↓

设计生命周期结束后的生活。

↓

产品模块化。

↓

使用可回收,可再生,可降解材料。

↓

尽量减少紧固件。

↓

不要使用涂料。

↓

有了可持续设计的理论基础，下来看具体设计实践：

（1）市场分析

典型产品（图1）：

图1

需求：空气环境日趋恶劣，狭窄的汽车空间存在有毒物质，迫切需要改善，空气净化器需求强烈，以解决车内环境污染，帮助车主满足健康需求。

问题：目前市面上汽车空气净化器种类繁多，主要针对汽车后装市场，造型怪异，外观需要推陈出新，吸引眼球，功能多样，无标准安装方法且安装复杂，寿命短，多种材料叠加难回收，绚丽喷涂且工艺复杂，产品与车厂整车生产脱节，增加制造包装和运输成本，种种迹象显示设计方向向着消费类电子产品有计划的废止制的趋势发展。

（2）制定可持续设计策略

环境策略：汽车内饰协调，尽量与汽车部件融为一体，产品放置占用车内空间最小化，避免干扰乘客和行车安全，必须考虑绿色产品设计4R守则及伦理需求。

造型策略：运用简洁耐看的与汽车相关的经典样式（如甲壳虫），挖掘用户的潜在记忆，使外观不落标新立异、快速迭代的消费怪圈。

功能需求策略：净化车内空气环境。

只关注最本质需求——净化空气，摒弃一切华而不实的辅助功能，如香水盒、音乐、照明等，用尽量简洁的造型和尽量少的结构电子部件来满足需求,严格的结构电子设计增加耐用性和延长产品使用周期。

标准化策略：根据各个品牌汽车厂商的部件标准化来进行，按车系分布来设计标准化的空气净化器部件，这样可以减少产品类别。结构件的安装尽量借用车内原有的部件，避免重复开模浪费，必要时加装可更换的标准化部件且易于拆解，便于回收和重用，使用通用化滤芯，方便大批量生产和规模供应。

材料工艺策略：使用纯PC或PP材质，避免复合材料成分给回收分解带来能源浪费，同时也减少了有毒材料（如PVC）的挥发所带来的二次空气污染，采用本色注塑和模具蚀纹工艺，无须喷涂，避免油漆的毒性挥发和污染。

情感策略：消除车内恶劣空气污染给人们带来的厌恶、沮丧、憎恨的心理反射和健康威胁，建立车载空气净化器和用户情感联系，实实在在地为用户解决车内环境污染问题，产品注重实用性，方便使用，容易使用，乐于使用，从而愉悦用户。

系统服务设计策略：从车载空气净化器、车内环境、用户三者相互关联的整体设计因素考虑，以各地4S店为服务据点，为车主提供空气净化器产品检测、维修、更换部件、滤芯等服务和关怀服务，如提供无偿检测车内环境污染数据，提醒用户关注健康。

（3）设计实施操作

创意设计：头脑风暴——草图——仿生形态——2D效果图，车载空气净化器必须突破传统炫酷的消费类电子的造型，从自然仿生的角度出发，挖掘人们的思维常识——除害能手，来表达此产品对用户的关爱，塑造健康、除害专家的形象，对激发客户购买欲和提升公司品牌形象都产生极大影响；友善圆滑的造型，告诉使用者："我是您车内环境的守护神"。

可行性3D外观设计：解构—建模—渲染—效果图—配色工艺实现。

对现有产品的解构，认识基本功能构造，元器件的布局，进行合理设计，再通过建模渲染，最终把方案用效果图的可视化形式呈现给大家。

结构电子设计：结构电子设计并经过多方论证评估，选定方案定稿，执行项目计划。

成本论证—反复修改完善—开模—试产—测试—量产—总结。

最后完成两个方向的量产上市产品，通过完成后产品图示和结构主要部件的分解爆炸图，可清晰展示可持续设计意图。

方向一

后装车内放置式：

汽车经典样式的甲壳虫造型语言，仿生设计，与用户产生情感共鸣，结构部件上，采用统一材质PC，模具本色注塑，既节约成本又避免喷涂油料有毒和污染，工艺采用蚀纹和抛光两种形式，来区分上、下壳体，避免单调样式引起用户不快，logo虽是不同材质，但采用双面胶粘贴，易于拆解，按压式进气网盖方便用户开启更换滤芯，风扇、滤网、数码显示管、粉尘检测件、安装支架及同一型号的螺丝均采用标准化通用件。

公司型号APM100产品（图2）实施结果如下：

图2

结构3D爆炸图主要部件指示（图3）：

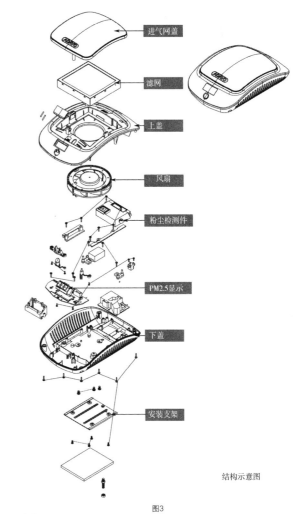

进气网盖

滤网

上盖

风扇

粉尘检测件

PM2.5显示

下盖

安装支架

结构示意图

图3

方向二

前装扶手箱式：

由于汽车内扶手箱部件，在同系车型中经常采用同种款式，本次设计应车厂要求，针对东风雪铁龙M44和标致2007车型，由于两款车系扶手箱款式标准一致，这样增大了产品覆盖面，便于我们使用同种手段在扶手箱内部进行结构改造，借用汽车内饰中的扶手箱外形部件，加装空气净化器组件，与汽车整车厂商合作，从汽车前装产品入手，开发出扶手箱空气净化器，从而使该产品使用最小化结构组件，最大化产品可利用车型范围效率，且具有通用性，同系车型可共用同种款式，耐用且生命周期与该系车型整车使用寿命同步，避免开发出各式各样、眼花缭乱的不同外形的产品造型，以及由于中途更换新式外观，而造成的消费猎奇和利益驱使的商品废止。材质工艺处理上无独特性，与汽车内饰保持一致，皮革归皮革，塑料归塑料，方便共同报废的回收再生。结构上采用可抽取的滤网，简单易操作，方便用户更换滤芯。风扇、滤网、负离子发生器、粉尘检测件、支架及同一型号的螺丝均采用标准化通用件。

公司型号APM104产品（图4）实施结果如下：

图4

结构3D爆炸图主要部件指示（图5）：

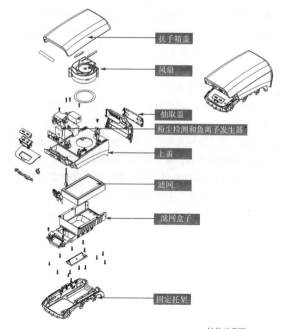

结构示意图

图5

4 总结

笔者所在企业主要生产汽车电子部件，处于本企业在汽车类新产品开发一系列复杂过程的工业设计阶段点，由于研发流程分工精细，无法从整个系统角度统一各个流程阶段的各方诉求，以致所述产品实践均是研发过程的局部范围下，以可持续化理念为指导的产品设计实践。真正的可持续化设计还要从企业战略的角度出发，从决策层制定可持续化战略，并贯穿企业各个部门、各发展阶段的具体规划，从理念到战略、系统到局部、计划到实施等一系列复杂过程。如制定实施生态服务设计理念，公平和谐的乐活设计理念，使产品在具象的形态表面背后，形成服务系统，并使企业经济利益、用户、社会、环境形成可持续的生态循环，使三者和谐、健康、可持续发展，大家乐活其中，那将使企业上升到更高的层次，为社会作贡献，造福每个人。

郑小庆

2000年毕业于西北轻工业学院，工业设计系，工业设计专业本科；2016年在职就读于广东工业大学，艺术与设计学院，工业设计工程，硕士研究生。

工业设计师，现就职于惠州华阳通用电子有限公司，从事企业工业设计工作逾16年，先后任职于TCL、德赛2、华阳等大型企业。主导设计了逾70多件成功上市的产品，主要涉及车载电子类，通讯电子类等。其中有数十多款产品销售额超过千万以上。截止2016年12月拥有发明专利1项，外观专利30项，惠州市科学技术三等奖1项。

| 产业研究 |

中国工业设计崛起之路

陈刚昭

多年来，中国工业设计的发展都缺少了一块自我成长的土壤和环境。许许多多的外部因素、设计思潮都或多或少地影响着中国工业设计的成长。这既有其有利的一面：可以借鉴别人的成功之处，缩短发展的时间，避免走更多的弯路。但也有一个很明显的弊端——就是中国工业设计的特色是什么，什么是中国的工业设计，我们应该怎样走出成功的中国工业设计之路。

1 中国工业设计之困境

1.1 中国工业设计的行业发展历程

早期的"超前设计"。20世纪80年代初，工业设计思想由国外导入，引入了西方发达工业国的"优良设计方法"、"设计理论"、"个性化设计"等先进设计系统。而与当时中国社会正在进行中的"兴办三资企业"、"引进资金设备"、"填补消费空白"等都与"从无到有"层次的产业经济和企业状况有着许多的不合拍。远远超越了当时国内企业对设计的实际需求。因此，在中国市场尚未出现"供大于求"的产品状况，制造业缺乏激烈竞争的生存压力，政府忙于铺垫规模化商品经济格局的20世纪80年代，学界对工业设计过高的倡导，都是无本之木，无源之水。

因此，许多早期留学归国的设计学者多是空有一腔激情，却少有机会参与到具体的工业设计实践以及企业产品开发等工作中去。因此只能投身于设计教育和理论的研究，慢慢就脱离了设计中不可缺少的因素：企业的土壤、大众的消费观念，使工业设计思想在中国的导入成为纯粹的理论说教，而弱化了工业设计在解决现实问题中的价值，忽视了工业设计在企业中的培养发展，客观上造成了中国企业界对工业设计的错误理解，无法认清设计在企业中的客观价值。

同时，受当时西方发达国家对设计的重视所影响，中国社会自引入"工业设计"这一专业以后，就有自我吹捧的现象，把工业设计说成企业的救世主一般，而忽略了许多与工业设计发展相关联的，甚至是对工业设计起决定作用的众多的因素。从而造成了国内本来就不成熟的工业设计工作以及工业设计师的自我膨胀、自我作用的夸大，最终导致理想与现实之间的矛盾。在这一状况下，许多的设计人员开始抱怨社会、消费大众不理解设计，抱怨企业不尊重、不重视设计，而总是觉得西方国家的设计师是如何崇高、如何受到尊敬，而实际上工业设计从引入中国的那一刻已经发生变化了。

1.2 中国工业设计的从业者状况

中国工业设计的从业者，包括从事工业设计的教育者，以及从事设计实务的在职设计师。

近年来，很多出国留学回国发展的设计师，多成为设计学者，而不是切实地把所学的、所认识的设计观念、设计理论、设计方法运用到实际操作中，探讨出一系列适合于中国企业、对中国企业有建设性的、对中国设计有促进意义的实践方法，而是过多地把设计分离于设计实务之外，孤立地发展，造成设计理论与设计实务的严重脱节，造成许多的工业设计专业的学生从认识阶段开始就误认为工业设计的独立性，而拒绝将设计与企业的共同成长、共同发展联系起来。他们多是进高校讲学，或是忙于发表论文、进行演讲，或是进行设计理论的空中楼阁的研究，不断指责中国企业的不足与中国企业管理者的低水平，却不愿投入到实际的设计工作中，为中国企业的转型、提升而有所作为。

同时，更多在职设计师也转而关注设计的理论、设计的方法，摆出一副高大上的姿态，而不是关注设计的目的以及设计存在的商业价值，更多的是纸上谈兵，坐而论道。说到底，中国的工业设计缺乏转化吸收及自我成长的土壤及环境，没有经历与中国企业共同发展的阶段。

1.3 中国消费者对工业设计（产品）的认知

在地域广大的中国大陆，情况的复杂性正如鲁迅先生所说，中国社会上的状态，简直是将几个世界浓缩在一起。在某些山区的中国人还没有"脱贫"，广大农村地区还只限于"温饱"阶段，而现代化大都市的社会生活却已经发生了巨大的变化。

在20世纪80年代、90年代的中国社会，正处于从封闭转向开放的阶段。改革开放以来，令广大的中国消费者看到外面的世界是如此的丰富多彩，有如此多的产品是他们闻所未闻、见所未见的——风扇、洗衣机、电冰箱，在那个时代，"款式"这一词语还未出现在人们脑海中，谁能拥有这些产品就已经是一种相当了不起的事情。所以随后而来的许多企业，只要将产品生产出来，就不愁没有销路，没有市场。但是，广大的中国消费者在接受这些新的物品时，有谁想过这些产品的发展历史，他们感觉这些新物品本来就是这样的，因此，国内消费者对产品开发、发展的认知是片段性的，是不完整的。

2　国外工业设计与企业的"共生"发展

工业设计自诞生之日起，就与企业、市场、商业价值有着密不可分的联系。设计必须与可见的市场需求相联系，必须与工厂的生产能力相联系，必须与公司期望的投资回报利润相联系。

社会的发展水平、发展阶段对设计的成长起着至关重要的影响。1927年美国的经济衰退和随之而来的不景气，使许多企业家很快地认识到一些精心设计的产品却能够制止销货额的直线下跌。工业设计这一专业在美国就这样由它的早期倡导者巴赫等人的理想主义与企业家的赢利动机相调合而产生，这就形成了工业设计发展的内因和外因。

在20世纪20年代末，制造厂商们考虑工业设计不过是盖上一层遮丑布以减少产品的裸露丑罢了，硬把某些历史上的艺术风格和已经过时的形式塞到机器和机器产品上去。直至21世纪，具有革新精神的设计师们认为，像汽车和无线电之类的机器，它们的形式本来就不是由传统确立的，设计师们（如蒂格）都希望克服掉那种"玩弄完全与产品或它的应用毫不相干的装饰"的因袭之风。在1931年，G·瓦诺指出当代的设计师的信条：形式服从于功能。格德斯也提出"预期的功用是形式的关键"。格德斯认为视觉设计中具有决定意义的事实是它的背后有"观念"。这种观念具有情感的性质，与L·柯布西埃的论调是一致的，建筑的职能就是用原材料建立起一种超越功利需要的情感上的联系。

在第二次世界大战后的日本，崛起并成为一个世界制造业强国，成就了许多世界知名的企业。工业设计对此作出了巨大的贡献。然而大多数日本设计师都在各企业内默默无闻的工作，因此他们的贡献很少为外人所知晓。纵观日本的工业设计在战后近三十年来的发展，他们的进步是典型的渐进式的，先从形式上模仿外国产品的风格，最后致力于根据社会生活需要制造出合适的产品。

日本的工业设计发展模式有其特定的历史背景和社会环境等综合因素的影响，有好的方面也有不足之处，对于日本的经验，我们更多的应该是借鉴学习，而不是单纯地模仿和抄袭。

1937年成立的佳能公司，1976年成为全球最大的35毫米单镜头反光照相机制造公司，还生产包括电子产品和光学仪器等一系列产品。在这39年中，佳能设计工作的发展，可以明显地划分为三个阶段。佳能从模仿欧美的设计开始，到1965年才有了第一代自己的设计师。由于工业生产的条件各不相同，他们必须学会适应从零开始，早先的设计主要着眼追求时髦，随着经验的增多，他们开始对设计工作的关键要素做结构分析，最终得出一种更集中、更有计划性的方法。这就是

发展的第一阶段。到了20世纪60年代早期，进入了第二阶段，其特征是在设计中融入了人本身的因素，通过使产品适合特殊的生活风尚和职业需要而强调设计的人性化。直到20世纪70年代，出现了一种更广博的产品设计观点，在产品设计中加入环境的因素而进行考虑，环境不仅是由机器和设备，而且是由人及其活动构成的，因此必须把环境当作一个整体去考虑。

直到20世纪80年代，踏进了第四个阶段。新观念和新技术潮流要求他们的设计师有未来眼光，因为他们设计出来的产品总在环境变化之前，从而对这些变化有决定性的影响；也就是设计的强调点是质量和适应性，而不是过去强调的时髦和潮流；也就是单纯寻求为设计而设计的时代已经过去了，更多地是以综合的、宏观的眼光及思维方式去进行开发设计，由孤立的设计方式让位于同工程师和市场人员的相互合作，设计的工作范围和影响也得以很大的扩展。

由以上西方工业设计发达国家的发展可以看到，工业设计必须融入市场及工程技术之中，才有可能扩展与完善。

3　中国的工业设计之路在何方

鲁迅当年在概括文化更新换代时期的最大人生悲剧时曾说过，最大的悲哀是人醒了之后无路可走。当前国内设计界的最大问题也是明明看到各种存在的问题，却无法去改变。例如：有钱的国内大型企业都找国外的设计——外来的和尚会念经。虽然也有许多中小型国内企业愿意采用国内的设计，但是设计的价格就只够设计师的生存，甚至连生存都不够。中国的设计之路在何方？其实路就在脚下，走下去，路就自然出现了；不走，路永远都没有。

3.1　企业如何正确地看待设计

中国现阶段确实有许许多多的企业，逐渐认识到设计的重要性。但他们重视设计只是期望设计能为他们的企业带来利润、产品更加好销以赚取更多的钱。然而他们不理解设计工作，不理解设计对于企业的作用。早期，部分企业因为个别的产品（模仿或抄袭）而令企业赚取丰厚的利润，导致许多的企业盲目地追求工业设计所能给企业带来的利益，对设计的期望值过高，总是希望能设计出一个独一无二的、万能的（针对任何消费者都会喜欢和购买的）产品，这是对设计极其片面、极其狭隘的看法。并且在以往，大部分中国企业眼中的设计，都是以外观的变化为主。产品的创新、消费者的需求、使用的人机工程等因素都很少被考虑到，设计便成为狭义的外观设计，设计的价值无法充分显现出来，设计在企业、在社会中的地位也无法得到提高。

我觉得要推进中国工业设计的发展，我们必须要坚持不懈地引导企业，让他们对设计有科学正确的认识，了解设计在企业中的作用，而不是片面的、孤立的夸大设计。设计必须从研究开始，而不是只停留于外观改型。就现阶段而言，完全去照搬国外的设计方法并不现

实，应该先着眼于针对中国企业，有目的的产品改良设计，然后再逐步过渡发展到全新产品的研发。产品的创新，不单是外观的创新，它包含一个创新的概念性、功能性，以及是否可制造、可生产性。国外许多的产品创新是一个完整的过程，包括概念上的、技术上的、工程结构上的、可生产上的整个流程。

一家企业的产品如果没有质量、没有连贯性、没有品牌特征，就很难令消费大众对其产品感兴趣。以电饭煲为例，日本有4家著名的电饭煲生产企业，它们的产品都各有特色，各有其产品特征的连贯性。它们在开发各自的新产品时，都很自然又是很严格地遵循各自的特征，产品语言去保持其产品的连贯性，而决不任意地追随其他品牌热销产品的风格，他们只会追求超越，而绝不去模仿。但是，在中国，许多企业由于缺乏产品质量的保证以及市场技术的开发能力，因而把产品开发是否成功的关键因素都放在产品设计上，导致各企业同类产品之间的同质性，缺乏企业自身的特色和创新能力。

3.2 中国工业设计公司的自强之路

工业设计公司作为一个国家工业设计实务的重要承担者，是设计水平、能力的重要体现。而设计的价格决定着设计公司的生存发展。工业设计的价值本来就是一个很难界定的问题，设计的价格也是一个难以衡量的因素。在国内近十年来的设计价格，经历了由低到高、由高到低，到现阶段混乱的这一局面。早期的设计由于认知的企业较少，项目量也较少，而导致价格较低。接下来，部分的大中企业开始关注产品设计，也愿意对产品设计进行投入，故此设计的价值得到认可，设计价格也相对有了一定幅度的提升。而近两年的设计，由于从业人员的大幅度上升，工业设计公司如雨后春笋般涌现，这本来是一件好事，但由于许多工业设计公司专业素质、专业水平的局限（甚至于许多是刚毕业不久的学生或平面设计公司的转营），而导致设计质量的下降，同时造成了极大的竞争，最终演变成价格的竞争，设计质量反而被束之高阁。

设计的好坏对于许多企业还是一个难以衡量的因素，多是企业主的喜好决定了一切，所以设计变成了迎合企业主喜好的设计。现在许多的设计公司与企业还达不到一种对等的关系，许多企业并不尊重设计师的意见，而是以其主观意见为主，设计师只是提供一些方案供其选择，项目交付时，通常是提交方案而没有对方案进行讲解——方案

的出发点、针对性、市场竞争的切入点等。

因此，企业也以一种商业化的眼光来看待设计，谁的价格低，就委托谁设计。在此种情况下，设计公司也必须要思考生存发展的问题。你投入多少的资金，我就投入多少的设计，工业设计的附加值没有体现出来，久而久之，就形成一个恶性循环，企业也得不到有价值的产品设计方案，设计公司也一直处在生存边缘，没有精力和资金去投入到设计研究中，设计质量、设计水平也无法得到提高，不打破这种恶性循环，中国的工业设计就难以发展完善。

在目前阶段，中国的设计应该脚踏实地地向前发展，企图通过模仿、借用就可以一步赶上国外设计水平的想法并不现实。中国的工业设计在自强发展的同时，必须坚持与企业的共同进步。

3.3 设计如何服务于企业

设计对企业的作用并不是立竿见影的，也不能单纯地期望通过个别的产品设计而为企业带来暴利，产品设计的作用及功效是逐步的，是要坚持不懈的。实际上是通过设计对实现企业策略、定位以及最终目标的一种支持、一种实现手段，是和企业的文化、观念相一致的，是将企业的经营观念，企业文化通过最终的、最直接的方式——企业的产品而反映出来。而设计就是最直接的方式、手段。企业也可通过设计策略去确立自身的产品特征，从而反映企业的形象。

工业设计是企业整体经营中的一部分，它必须和企业的各方面因素——企业定位、企业理念、企业文化、企业生产水平、企业所处的市场地位、企业所服务的消费群、企业的营销模式等联系起来，是整体战略中的一部分，也是企业创新能力的决定因素。

中国工业设计的发展必然地受到国内企业的综合发展水平所限制，不可能大幅度地超前企业的现阶段实际情况，而天马行空地做设计。由此可见，中国的工业设计要想健康发展，要想被中国企业乃至世界所认同，我们只能在做好现阶段国内企业所需的基础上，不断去推广更好的设计观念及设计方法，推动客户去提高、去改善。同时，我们的设计教育者和在职设计师都必须将设计的本质作为基础和出发点，去发展一套适合中国环境的设计方法、设计理论，而不是舍本逐末，抽取国外设计方法中的片段去单纯地模仿。只有这样，中国的工业设计才能真正地崛起。

陈刚昭

　　高级工业设计师。佛山市青鸟工业设计有限公司设计总监、全国首批高级工业设计师、2015年中国工业设计十佳杰出设计师、顺德区工业设计导师团导师、广东省工业设计协会理事、顺德工业设计协会副会长。

　　本科、研究生分别毕业于无锡轻工大学及江南大学工业设计专业，一直从事工业设计的实践工作，毕业后进入美的集团工业设计中心，先后担任主管设计师、设计总监、设计部部长，获得美的第一届优秀设计师奖、美的集团专利个人二等奖。

　　2002年创立佛山市青鸟工业设计有限公司，任公司董事长及设计总监，在家电及电子产品研发设计方面具有丰富的经验和优秀的设计能力，长期为国内外的知名品牌提供包括企业品牌策划、产品形象规划、用户行为分析，产品造型设计、工程设计等全方位的服务。为企业所设计的产品除了获得良好的市场效益外，还获得了国内多个设计奖项。凭借突出的设计成绩，获广东工业设计城"设计大师"奖。

设计驱动原生态水产移动设备发展的研究

陈惠玲　杨　雄　黎泽深

内容摘要：中国发展必须依靠创新，只有不断创新，我们的发展才有源源不断的动力。从大的方面来讲，我国农业发展亟需通过创新来实现发展；从具体的方面来讲，对于水产养殖行业，处于无序状态，导致滥用抗生素和化学品引发水源一次利用、排污与水源混杂等很多不良的食品量产状况，这些都不是发展的科学治理，无法有效创新，要想实现品质可控及发展，必须从推动生物链工程能力的设计理念出发，减少有害化学品药品的投入，减少对环境破坏和保证水产品安全，用设计指导实践，创造全新模式，最终达到科学创新推动良性发展的目的。本文就将以南美白对虾装备化产业基地为蓝本，详细地为大家介绍一下，在工业设计创新思想引导下，以阐述水产业链的工业设计创新，驱动原生态水产移动设备发展的理念。

关键词：移动水产 过级养殖 设计指导 融合创新 C2C装备

1　南美白对虾装备化产业基地概述

为贯彻《中国制造2025》的重要内容，根据国土资源部和农业部国土发[2014]127号文件《关于进一步支持设施农业健康发展的通知》精神，针对目前全世界生产出来的食物有三分之一都浪费在储存、运输和消费过程中（联合国粮食农业组织统计），摒弃以往乱用抗生素和化学品、水源一次利用、污染排泄残物等一切不良食品量产模式，从强化人类健康生物链工程功能的设计理念出发，独创移动原生态水产工业养殖系统，创造新型设备及模式，使其远远优越于其他产业，兴起了食物链导致的人类健康的强化工程。

事实上，水产开发多年以来处于技术封闭状态，从来没考虑引入工业设计理念，设计师们也从没想过设计水产养殖移动装备，更从没考虑过进行水产工业设备化和移动式的革命，本产业设计，就是带领水产养殖业，融合创新工业设计理念：从外观为中心走向"功能为中心"，以"问题为导向"、"事在前，物在后"、"产业交叉"、"共享创新"的设计理念，指导创造出多种水产移动式整体化装备。

自从2014年参加"省长杯"以来，广东新会中集特种运输设备有限公司一直埋头解决各种设计与技术问题，面对市场，不断地发现、设计、再发现、再设计，在学术研究和产业研究探讨中，科学地驱动产业进步，形成产业价值链。在此期间，联合鹤山市新的生物制品有限公司，协调绿色开发，共享互补设计资源和人才交叉创新，经过这段时间对南美白对虾工厂化分级养殖系统的积极探索，加上今年全国各地极端天气对我们各区域养殖户的影响，设计团队越来越清晰地意识到，只有从设计开始，用移动式智能装备技术解决问题才是今后水产养殖业的根本出路。既然改不了环境，改变产业而造就合适环境，这是真正意义的"创造价值"。为此联合生物技术公司着手在江门以"生态移动水产"为目标进行设计，申请用地指标，建设水产工业化养殖示范基地，依托中集、广东省工业设计协会及广东省经信委平台，让设计师的创新迅速转化为产品、商品、模式，最后形成产业。在过程中我们注重知产保护，有效防止侵权，实证设计驱动移动水产养殖和服务模式。

实证基地总投资为5000万元，是桃源镇中心村水产养殖群。以革命性的移动水产集装设备养殖模式颠覆传统养殖场，突破环境的局限，以高新技术保证可控的生态（生物和物理方法）养殖条件，在咸水孤岛、沙漠及一系列恶劣的环境下均能养殖高质可口的南美白对虾，从而建立南美白对虾的标准化养殖系统，建立新型运营模式；利用发明专利和核心技术，生产符合绿色食品甚至有机食品标准的水产品，达到产业链延伸和安全的目的；在实现养殖场周边无异味，养殖污水深度处理（生物物理方法）后循环回用；粪便残饵也进行深度资源回用，生产生物质有机肥，用于基质栽培、生产蔬菜或用作周边地区的土壤生态修复等；同时设计出"移动水产"、"移动肥业"等"移动农业"高端装备和技术系统。这是一种新型高效的设计驱动产业模式，以下是我们的产业链设计详细介绍：

2　南美白对虾等水产品"移动水产"集装设备及污染零排放示范基地实证

2.1　移动智能模式

水产生态养殖系统以操作安全、方便为主，以人为本，具备投饲、观察等日常操作功能结构、特别设计的水产品过级转移、捕捞装置和养殖所需的温控、供氧和制氧、水质在线监测等设备系统，使养殖作业更加智能化、自动化和简单化。

各级养殖池之间配置的过级转移装置，仅需进行一个开关动作即可完成过级转移操作,缩短转移时间,降低人工操作强度并减少水产品应激反应,保证水产品存活率。

水产生态养殖系统还设置自动控制系统,具有以下功能:

(1)24小时在线监测各养殖水体的溶解氧、pH值、氨氮、亚硝酸盐氮、盐度、温度等水质参数。

(2)通过监测到的溶解氧值自动控制增氧设备工作,防止出现缺氧事故。当溶解氧低于安全值时(如4mg/l),自动打开增氧机,当溶解氧达到安全值时(如7mg/l),自动关闭增氧机,以节省电能。

(3)当监测到溶解氧值达到危险值时(如3mg/l),启动声光警报系统,并给管理者发送手机短信,中心控制软件会启动报警提示。

(4)当监测到水温低于25度或高于34度,自动打开恒温设备,并启声光警报系统。

(5)通过手机电脑网络查询水质参数和各种设备工作状况。

(6)通过手机、电脑网络远程控制增氧设备、投料机、水泵、恒温器等设备启动或停止。

(7)自动记录、储存现场监测到的溶解氧数据,并永久保存,帮助用户查询、分析季节、时间、天气、温度等因素对溶解氧含量的影响。

(8)用户根据水中溶解氧测量值,精准控制饵料投放量,提高饵料转化率。

(9)具有电机缺相、漏电及过载保护功能,有效地保护增氧机的电机。

(10)停电报警系统。停电时现场警报器会开启,并给管理者发送短信提示。机理图1:

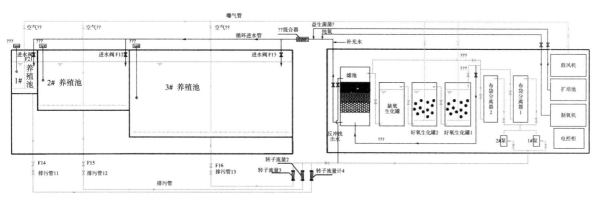

图1

2.2 分级和捕捞功能的设计

水产生态养殖系统采用分级养殖模式,通过在不同养殖池内分级养殖处于不同生长阶段的水产品,即"小池养鱼苗、大池养成鱼、同时养殖"的模式。

水产生态养殖系统将水产品养殖过程分为幼期、中期、成品期等独立的养殖阶段,每个阶段在系统中不同的养殖池完成。幼期水产品最初放在一级养殖池内,面积占系统总面积的10%～15%,养殖30-60d(具体养殖时间因不同水产品品种而异)后,成长达到中期大小的

水产品被转移到二级养殖池,池面积占总面积的25%～30%,30-60d后,水产品最终被转移到最大的三级养殖池,池面积占总面积的60%。再经过30-60d养殖,水产品就达到上市规格,可以上市出售了。

在工业设计创新分级养殖模式下,幼期、中期、成品期的水产品同时在三个不同的养殖池中进行养殖,相当于用传统养殖1/3的养殖时间就有成品上市,大大缩短水产品产出周期、极大地提高产量,科学实现高效、高产、高密度养殖。

2.3 高效可靠循环处理系统，与环保共同发展（水产养殖产业链工程）

养殖水体的水质直接关系到水产养殖业的产量、质量、经济效益和生态环境效益。俗话说，"养好鱼，要先养好水"，说的也是这个道理。要发展高密度高产量养殖，如何养好水是我们首要解决的问题，是水产生态养殖系统的重要目标。因此，我们设计了一套高效可靠的循环处理系统，该系统针对高密度水产养殖带来的环境污染和日益严重的水资源短缺问题，为高效、安全、环保的水产养殖提供有效的解决方法。

循环处理系统能及时将养殖池的污水排走、并进行净化处理，同时将处理后的净水重新回到养殖池，形成一个整体的水循环，保证养殖池内水质始终符合养殖要求，即使高密度养殖也不会造成水质的恶化。

循环处理系统主要由固液分离系统和生物净化系统两部分组成。固液分离系统用于将养殖池排出的污水进行物理过滤，滤掉污水中的残铒、水产品的排泄物和残骸，防止这些污染物在养殖池内沉积和分解产生氨氮、亚硝酸盐等有毒有害物质，并去除污水中的悬浮物及有机物质，固液分离系统定期清理出的滤渣可用作肥料，不会产生二次污染。生物净化系统用于将过滤后的污水进行生物净化处理，通过微生物的硝化和反硝化反应，去除养殖池内已产生的氨氮、亚硝酸盐等有毒有害物质，保证水产品健康。

整个养殖过程，养殖池产生的污水经处理后循环使用，污水不对外排放，过滤产生的滤渣用作肥料，实现污染物"零排放"。整个系统运行中，由于污水循环利用，只需补充少量新鲜水填补蒸发损失的水量即可，节约水资源，单位产品耗水量低。

我们的水产生态养殖系统能有效利用水资源、节水节能，可实现污染物"零排放"、不产生新的污染物，对环境友好，是符合现在国家环境环保要求的新型养殖系统。

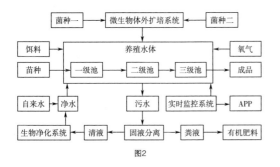

图2

3 设计驱动水产生态养殖服务模式

通过研究移动式、小型化的高端装备技术，运用生物、物理技术，减少有害化学品药品的投入，减少对环境破坏和保证水产品安全，创造出移动养殖装备及技术，解决储存、运输和消费过程中的浪费和水产成活率等养殖业难题，通过自创的移动水产、移动肥业、过级养殖工业化等模式，让设计驱动水产业，融合创新，是独创创新型高效的移动原生态水产工业模式，该模式可以复制以促进整个农业养殖健康科学发展：

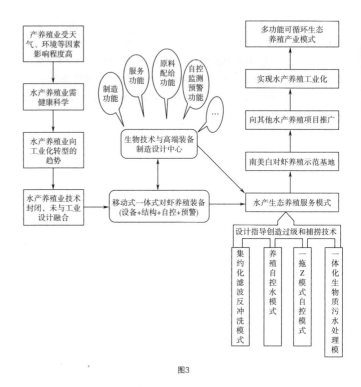

图3

以上给出的是设计驱动下的水产养殖服务生态模式的框图。

以"南美白对虾的养殖"为例，传统的养殖方式不仅对地域要求高，而且养殖污染比较严重，对周围的生态环境没有任何好处，为此，我们大胆创新，积极投入研发健康生产过程、方式和服务模式，设计出和生物质有机肥联产的一个完备的系统，很好的解决了生态的问题：

这是个智慧系统：分级处理箱里设计了有火山、麦饭石、生物棉等优化过的过滤系统，负责水质物理过滤；系统装有微生物膜，对有益微生物进行分解，有害的物质也会被分解出来；配置紫外线、臭氧杀菌等多重自动管控，让生活在分级集约箱里的鱼虾比传统养殖的同类更加健康。

这又是个一体式的标准养殖装备，既可以移动又可以永久性放置，灵活而成本不高，且移动水产对环境的要求越来越低，系统会自动进行各种智能调节。其中，还对生物排泄物进行处理，生物排泄物经过发酵，这样，从"系统"出来就是很好的有机肥料，这些有机肥料可以让蔬菜更好的生长。

2014年利用"集装箱养虾"肯定是新鲜事情，能移动无浪费能"现抓现吃"的水产养殖系统更是闻所未闻，与传统水产养殖方式不同，"移动原生态养殖系统"完全可控、循环利用、节约资源，高效能，有精品产出。虾是养殖业里（水产食物链）养殖难度最大的品种，受各种因素的影响，传统养殖都要用抗生素和药物控制才可以量产，成活率达不到20%。故此，科学水产养殖到了生死存亡的瓶颈。集装箱养鱼虾必须结合和依赖另外一个产业：智能高端装备制造业！产业融合、协调创新、产业设计"移动水产"成为高科技水产养殖的生存契机和突破口！

设计团队在引导创新水产养殖的模式同时，除了投入大量人力物力解决技术难题，提高成活率达50%以上，还需要提供一定的生态服务，最终的目标是实现生态化养殖，与周围的生态环境实现互利共生。移动水产养殖的存在需要有"能改善周围的生态环境"的作用，反过来，一个好的"生态环境"也能促进水产养殖行业经济效益的提高。移动智能装备团队就是创造健康水产生态环境的缔造者。

现在业内，对虾龙头企业都在尝试科学养殖，却停留于用箱子"替代"鱼塘等方式，"低成本其实不低"，为创新而创新，甚至用二手箱装水配上增氧器，依然用传统加化学品和抗生素的套路，污物横流，该产品体内的化学品始终存在，并传递到食物链链终端：人类体内！完全没有设计和解决行业发展的能力，反而隐形的危害了人类健康。

而江门的"移动原生态养殖系统"是一体式高质移动对虾装备新模式，走在健康科学养殖的前端，在种苗、饲料、养殖示范、加工销售和科学营运等全产业链环节具有深入合理布局，设计创造出提高对虾自身生命力的方法，来修复产业链的无序反常。经过实证，具有易于复制的特点，通过各期基地的建设和运营，有利于模式的进一步跨区域拓展、布局对虾工厂化养殖业务，不断增加新的利润增长点，带动中国水产和制造装备"移动"做强，更好地发挥水产质量控制、产业链协同等方面优势，从而极致地提高种苗、饲料、生产、装备、制造、标准化等上下游相关资源效率，极大地提高新产业整体盈利能力。

在此"南美白对虾"产业成功实证基础上，我们分别培养广东汕头汕尾、湖南汉寿、湖北洪湖、浙江杭州等地区的养殖户建成南美白对虾等高品质水产品养殖示范基地，得到农业部、农业厅、环保厅、广东省经信委及环保公益基金会等部门的高度重视。

如今，我们采取附送新技术、原生态养殖培训等方式，根据个人或团体意愿设计养殖方式和培训模式+技术服务模式，点对点设计+技术服务确保产业链健康发展。

在全国各地推行并辐射，将"移动水产"复制到其他养殖产品如"龙虾""海鲈"等海产，让在世界各地甚至恶劣环境可以吃到可口、符合绿色食品甚至有机食品标准的"现抓现吃"水产品。

我们从产业链的各增值点进行布局，整体考虑设计模式：首创集装式移动分级养殖模式，产量是普通养殖的3倍以上，质量可控且为其他产品的3倍以上，产品售价高于传统，具有3倍的竞争力。

这又是一个协调创新的机制模式，稳赚不赔，突破饲养水产的多种障碍：

我们与当地底层经济群体的利益机制链接，形成新机制设定：

（1）为100户低经济群体建档进入基地。

（2）进行用工和入股分红设定。

（3）新型分红法：

①保证分红措施：资金入股进入基地有保底20%收益；

②分红共生模式：保底分红和入股分红并用；保障农民最大权益。如：投资的股份是百分之二十，但是按照入股分红所得金额没有达到当地人社局最低收入标准的时候，我们按照保底分红措施，维持农民一定的经济利益。避免养殖风险和价格波动对个人的利益产生过大影响，从而保证产业良性发展。

4 设计驱动下水产业生态及服务模式的前景

1. 建成国内首个南美白对虾等高值水产品工厂化分级养殖示范基地，年产南美白对虾10-12造，年产量1千吨以上，推动本地水产品供给侧结构性改革；

2. 所建成分级养殖基地将全面实现养殖零排放，养殖过程所有粪便和残饵均用于生产生物质有机肥，年产生物质有机肥料5千吨以上；

3. 建成博士后创新实践基地及广东省教育部产学研合作科技特派员工作站的科技成果转化试验基地；建成江门市首届两院院士、"千人计划"专家与江门企业对接的成果转化基地；

4. 首订南美白对虾工厂化分级养殖行业或国家标准；

5. 水产养殖生产设施用地49340平方米，布置100套"移动水产"集装设备兼养殖零排放系统；

5 总结

本文从三个方面详细介绍了水产生态化养殖全新的"移动水产"设计，规模化、装备化的生态养殖在环境保护、经济效益增值和水产养殖地域扩大方面具有很大的优势。实证了工业设计对实践的指导价值，设计驱动原生态水产移动设备发展的前景一片光明。

参考文献

[1] 王武编著. 鱼类增养殖学[M]. 北京：中国农业出版社. 2000.

[2] 陈蓝荪. 我国水产养殖业可持续发展论述[J]. 科学养鱼，2008（6）.

[3] 董双林，李德尚，潘克厚. 论海水养殖的养殖容量[J]. 青岛海洋大学学报，1998，28（2）：245-250.

[4] 董双林，潘克厚. 海水养殖对沿岸生态环境影响的研究进展[J]. 青岛海洋大学学报，2000，30（4）：575-582.

[5] 董双林. 系统功能视角下的水产养殖业可持续发展[J]. 中国水产科学，2009（5）.

[6] 江兴龙，关瑞章. 论我国水产养殖业的发展方向[M]. 中国水产.

2008.

[7] 游有松，南美白对虾淡水养殖应注意的几个问题[M]. 当代农业，2002.

[8] 柳冠中. 论工业设计中的可持续发展思想[J]. 发明与创新2004（9）.

[9] William McDonough and Michael Braungart. 从摇篮到摇篮：再造制造方法[M]. Vintage U.K.Random House，2006.

陈惠玲

机械高级工程师、国家高级（一级）项目管理师，瑞士维多利亚工商管理博士，广东省光电技术协会专家委员会委员；现任广东新会中集特种运输设备有限公司技术管理负责人、广东省多式联运工程技术研发中心经理；曾获广东省科技进步奖9项，市、区科技成果等奖共12项，国家发明专利1项，第七届"省长杯"工业设计大赛产业组一等奖、概念组二等奖，第八届"省长杯"工业设计大赛概念组金奖、产业组银奖；是广东省"巾帼建功先进个人"、"2016年度十大新锐工业设计师"、"江门市优秀中青年专家和拔尖人才"、"新会区优秀中青年专家和拔尖人才"。

杨雄

华南农业大学遗传育种专业毕业，华南理工大学MBA，曾任广东省农科院生物所研究室主任所长，现为美国新威特生态工程国际集团首席技术官，任广东省工商行政管理局私营企业直属协会副会长等多个社会职务。主持多个科研项目，两个国家级重点新产品试制计划项目、省环保重点示范工程项目、广东省星火计划、广东省重点新产品试制等多个项目第一主持人。拥有多项科研成果，拥有6项发明专利和1项实用新型专利授权，成果转化能力强。

黎泽深

武汉科技大学机械制造及其自动化专业毕业，现任广东省新会中集特种运输设备有限公司产品设计经理。拥有16年机械设计制造经验，申请国内外专利54项，荣获"广东省十大新锐工业设计师"、"中集集团创新先锋"荣誉称号，带领团队设计并生产新产品达数十余种，并积累了数百种设计方案，获广东省科学技术奖励二等奖，广东省"省长杯"工业设计大赛金奖，广东省优秀专利奖，江门市科学技术奖励一等奖等多项奖励。

辅助企业转型的工业设计模式探索

黄 旋

内容摘要：在金融危机之后，我国制造业面临多方挑战，失去低价优势，必须加速升级转型方能保持可持续发展。企业升级转型的核心在于拥有独立自主知识产权的创新产品。运用工业设计进行产品创新，与技术研发型创新相比，有着研发投入较低、产品化效率高、商业化周期短、时效性更强的优势，更适合我国制造业的现状。因此，近年国家出台政策要求大力发展工业设计，但很多企业依然不愿行动或无从下手，一方面是企业对工业设计的了解、重视不够；另一方面，国内大部分工业设计公司仍停留在提供委托设计服务的阶段，没有明确提出与企业转型目标相符的设计模式；再者，不同企业的具体状况各不相同，一概而论的设计战略无法解决实际问题，应根据具体情况具体分析。本文以赛德工业设计公司多年的发展实践，提出了以工业设计辅助企业转型的方法流程，企业可根据整体流程，先行企业诊断，进而选择合适自身的设计战略进行产品创新，迈向升级转型。并根据不同状况的企业，提出了五种工业设计战略，作为辅助企业转型的工业设计模式探索。

关键词：设计管理 中小企业升级转型 工业设计服务模式

1 背景

自改革开放以来，我国制造业在经济全球化、国际化生产的影响下飞速发展，使我国成为世界制造业大国，同时造成了依赖出口带动制造业及经济增长的模式。然而我国制造业虽然拥有巨大的规模，但大部分仍为中小企业，采取来料加工模式运营，缺乏自主技术及知识产权，位于产业链下端，主要依靠廉价劳动力、材料及高能耗来降低生产成本，利润微薄，严重受出口订单制约，发展空间非常有限。2008年欧美爆发经济危机，出口订单大量减少，就对OEM企业造成了强烈冲击，有些甚至破产倒闭。

全球经济环境根据联合国发布的《2013年世界经济形势与展望》报告预测：2012年世界经济增长大幅下滑，未来两年仍将继续疲软[1]。主要发达经济体的疲弱是全球经济趋缓的根源，而欧美及日本通过减少对发展中国家的出口需求和资本流动及商品价格的大幅起伏，将其经济难题蔓延到发展中国家。同时，发达国家启动"再工业化"策略，其他新兴发展中国家地区也在加速追赶，国际制造业竞争剧烈。而国内资源、原材料价格、用工成本持续上涨，人民币增值，从而使低成本、低价格优势不复存在。以上多方面的挑战使我国制造业转型必须结合自身优势，加速升级转型。

2 制造业转型的核心目标与工业设计

2.1 制造业升级转型的核心目标是拥有自主创新产品

根据企业经营活动所在价值链上集聚的环节，制造企业可以分为四类：①OEM（Original Equipment Manufacturing），即"原始设备制造商"，经营活动主要集中在实物产品的生产环节；②DM（Original Design Manufacturer），即"原始设计制造商"，生产厂商根据委托方要求设计和生产产品，基于授权合同承担一些或所有的产品设计和流程任务，承载附加值大大超过OEM；③OBM（Original Brand Manufacturing），即"原始品牌制造商"，指制造商通过其强大的产品品牌与营销渠道，销售其他企业生产的产品；④TPM（Total Process Manufacturer），即"全流程生产企业"，经营活动涉及从产品研发、生产制造到营销服务的各个环节，构成完整的价值链体系。

我国制造业企业大部分属于OEM模式，聚集在全球产业链的制造环节，没有掌握高利润的"产品研发"和"市场营销"环节，只获得极少利润，位于价值链"微笑曲线"的底部。由于缺乏独立自主的知识产权，形成了四低特点："低端产业"、"低附加值产品"、"低层次技术"、"低价格竞争"。

如前文所述，"低价格竞争"的优势不复存在，升级转型已是必然趋势，在政府的大力呼吁下，很多企业却仍不愿转型或是不知道如何转型。当前针对企业转型的研究从产业经济学、企业战略管理的角度出发的论述很多，也普遍谈到了设计创新对企业升级转型具有重要推动作用，但仍缺乏与实际结合及执行的清晰论述。很多企业形成了对转型的误解，认为转型必须转向高新科技产业、大力投入技术研发，然而各企业具体状况各不相同，此种方式对于某些只生产简单产品，甚至配件的中小企业显然不可行，甚至有人总结："不转型是等死，转型就是找死"。事实上，我国制造业企业的转型路径可以选择由OEM->ODM->OBM->TPM循序渐进，或根据自身状况进行OEM、ODM、OBM、TPM组合分步转型，企业转型涉及各个方面：企业战略、管理机制、资源整合、资金周转等，但要跳出OEM模式，升级转型的核心目标就是要拥有独立自主的创新产品。有了自主创新知识产权，才能获得产品定价权，配合产业链延伸，市场营销跟进，方可获得更多利润，成功转型。

2.2 工业设计是制造业企业转型关键

产品创新方法可概括为技术开发方法及工业设计方法。前者需要大量资金投入，配合知识积累和技术人才培养，难以预计取得突破性成果需要的时间，期间有可能经历大量失败，而且将技术开发成果转化为商业化产品还需要很长一段时间，容易错过市场机遇，具有较高风险，因此一般企业难以承受以技术开发进行产品创新。而相比之下，工业设计运用成熟技术，从生产者及终端消费者双方的利益出发，对产品及产品系列的功能、外观和使用价值进行优选，研发投入较低，产品化效率高，商业化周期短，时效性更强，更为适合我国制造业的现状。若以工业设计为支点，将大力促进我国制造业升级转型的进程。

3 企业需根据自身综合情况选择合适路径

目前企业拒绝从OEM模式转型的原因主要有两点：部分企业未重视转型的紧迫性，仍满足于加工环节的利润，依赖"三来一补"的加工模式，面临市场突然转变时非常脆弱；还有部分企业存在对产品创新存在误解，认为产品创新必须是技术创新，由于无力承担技术创新需要的资金、人才、时间等投入，因此却步不前。另一方面，由于国内大部分工业设计公司提供的服务仍停留在产品外观设计层次，带来的产品创新程度、产品化程度、市场命中能力有限，让企业未能认识工业设计进行系统产品创新的能力。

由于每家企业状况各不相同，拥有各方面的资源不等，其转型的着重点及选择路径自然不同，因此我们提出运用工业设计辅助企业转型的整体流程（图1）：首先对企业进行类型诊断，继而选择其合适的

工业设计模式，进而确定设计研究起点、产品核心价值，然后根据具体情况选择设计战略或营销战略先行，最终使创意持续发展。

4 辅助企业转型的工业设计模式探索

针对不同企业的综合状况，以资源整合最大化为基础，以实现成功转型，获得企业自主创新产品为目标，本文从产业、行业、企业、消费者行为、市场五个角度出发，以下提出五种以工业设计为支点的转型策略及流程方法。

4.1 从产业出发——产品突破型设计模式

1. 企业类型

经过改革开放三十年的发展，我国制造业已出现了一些大型企业，如纺织、服装、钢铁、电解铝、电器、水泥等行业，产能和产量已经居于世界首位。这些企业打下了良好的生产管理系统和经济基础，拥有足够资金运营能力，希望突破技术瓶颈，跳出低端产业，转型进入高科技产业。

2. 转型策略分析

主营业务转型，跻身新兴产业。

这类企业如果进入市场已经稳定成熟的高科技行业，在研发上要攻克技术壁垒，在营销上要突破市场格局，将使转型难上加难，因此更优选择是进入尚处于成长初期的战略性新兴产业。根据国务院印发的《"十二五"国家战略性新兴产业发展规划》，战略性新兴产业是以重大技术突破和重大发展需求为基础，对经济社会全局和长远发展具有重大引领带动作用，知识技术密集、物质资源消耗少、成长潜力大、综合效益好的产业。现确定七大领域，包括节能环保、新一代信息技术、生物、高端装备制造、新能源、新材料和新能源汽车。进入国家战略性新兴产业，第一，企业可以获得政策利好，解决资金、资源问题；第二，新兴产业技术尚在发展，壁垒还未完全形成，在研发上企业拉近了与竞争对手的距离；第三是市场刚开始发展，企业还有树立行业标准、占据制高点的机遇。由于新兴产业运用新技术，往往和市场衔接不足，在商业化过程中遇到瓶颈，可以运用工业设计突破瓶颈，配合生产制造、品牌建设使传统产业的部分或全面业务向新兴产业转型。

3. 设计模式

通过产业分析研究，找出同类产品市场发展瓶颈。合理选择协作机构，运用工业设计和相关技术研究突破瓶颈。依据研究成果明确设计语汇，完成产品市场定位，构建必要的组织架构。依据营销战略，制定设计战略。明晰产品的子功能组合配置，完善系列产品基本框架。依据进一步的市场细分，定位销售价格、品相以及产品系列的形式风格特征策略。根据不同材料、部件的加工特点、成本，分层次进行主打产品设计和系列化产品设计。具体流程见图2。

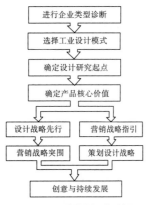

图1　运用工业设计辅助企业转型流程图

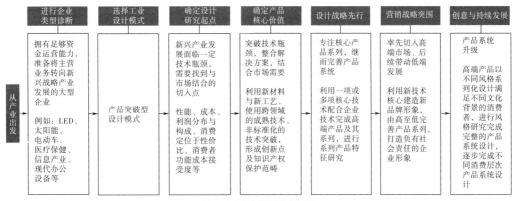

图2 产品突破型设计模式流程图

4.2 从行业出发——产品系统型设计模式

1. 企业类型

某些传统行业技术门槛不高,生产制造技术成熟,但由于缺乏自主创新和品牌意识,行业内产品同质化严重,以价格为竞争力,让利润微乎其微。行业内企业以中小企业为主,其个体难以得到政策支持、资本投入技术开发,更无力进入新产业,希望在主营业务内升级行业地位。

2. 转型策略分析

保持主营业务,组成产业集群,升级行业地位。

针对这种状况,可以由有资本运作背景,已具有产业集群领袖雏形或奠定领导地位的大型企业,或者是有产品设计和制造能力并将致力于高效商业价值链营运的销售型企业牵头营运,组织有互补优势的中小企业形成产业集群,形成协同效应,塑造集群品牌。由集群品牌运营组织设定品牌运营策略,继而制订产品策略,进行品牌系统产品设计,然后将不同产品的生产、加工发放到各有所长的企业里,再由品牌总运营对全部产品进行统一品牌的整体营销。这样即可以降低避

免产品高度同质化的价格竞争,又可以使中小企业凭借各自的技术优势整合资金、人力资源来投入产品研发,达到业务扩张、升级,拥有自主品牌,改变行业地位。产品系列的范围经济将得到充分实现,联盟的研发、生产、销售的成本随着联盟规模的扩大不断降低,经济效益随着协同效应的出现而大大提高。

3. 设计模式

通过行业分析研究,找出系统消费需求。由自主品牌制造商牵头,联合优势互补的中小企业组成产业协作集群,构建集群品牌运营组织,形成协同效应,以系统产品实现差异化竞争。依据研究成果确定品牌定位,根据营销策略制订产品策略。以系统整合技术特征为基础,完成产品系统框架。统一简洁系统风格,制定单品统一形式基因特征与品相要求。再依据市场细分,定位销售价格,从高档到低档,根据不同材料、工艺、成本,分层次进行子系统产品设计。制定统一生产标准,将不同品类产品的生产、加工发放到集群内优势对口企业。成品由品牌运营 组织进行统一品牌的整体营销。具体流程见图3。

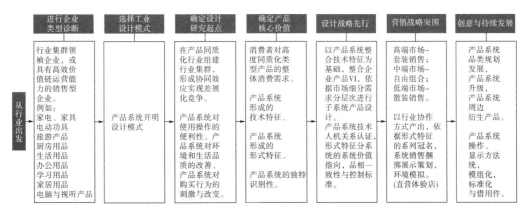

图3 产品系统型设计模式流程图

4.3 从企业出发——产品拓展型设计模式

1. 企业类型

很多劳动密集型微利中小企业只专注某种低技术量大的产品，材料单一、技术层次低，当成本上涨，需求减少时就会受到生存威胁。而且因其规模小，资金缺乏，无法投入突破性产品设计，改变生产工艺、设备与之配套。

2. 策略分析

利用现有资源，转换产品策略。

根据自身优势，通过企业研究，依据其现有条件，制定新产品策略及营销策略，进行品牌形象设计及推广计划。从"低技术、低成本、低价格、低端"产品转向"低技术低成本、高附加值"产品，从而达到不用太大投入获得独立创新产品、进行品牌建设的目的，实现转型升级。

3. 设计模式

明确以满足消费者心理需求为产品核心价值，利用企业现有材料、设备、工艺进行生产。

根据产品核心价值理念，以不同主题进行系列产品设计。每个系列包含多个单品，每个单品再根据细分市场的不同人群、定位、地域文化，衍生出不同尺寸、色彩、装饰图案的款式。由于此类产品技术门槛低，非常容易被他人复制，陷入不正当竞争，因此必须进行大量衍生设计，快速迭代推出新品种、新花式，同时满足企业产能。企业应在内部储备装饰设计人员，并注重知识产权保护。具体流程见图4。

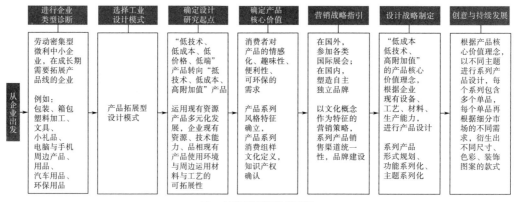

图4 产品拓展型设计模式流程图

4.4 从需求出发——产品创新型设计模式

1. 企业类型

拥有良好生产基础、资金运营能力，希望通过研发创新产品，开拓新市场，建立新品牌格局的中小企业。

2. 策略分析

以用户研究为基础，进行产品创新。

随着国内人均收入水平上升，消费层级增多，单一市场转化为众多细分市场，挖掘用户潜在需求，率先推出创新产品，正是企业开辟蓝海市场，建立自主品牌的难得机遇。

3. 设计模式

根据用户分析研究，从消费者日常行为中挖掘其真实需求，找到现有产品不足。根据用户需求，整合现有成熟技术，进行创新产品功能设计。根据研究成果，明确产品市场定位。依据营销策略，制定产品设计策略。根据不同细分市场、附加功能、材料、部件，进行迭代更新或是不同版本的产品设计。清晰产品架构，完善产品发展计划，迭代更新期不长于一年。产品在营销早期阶段，经营风险较大，需要构建专业品牌推广团队进行售前服务。具体流程见下图5。

4.5 从渠道出发——产品升级型设计模式

1. 企业类型

生产单一产品的中小企业，产品有一定特色，质量也在上乘，在市场中已经有了一定口碑，但缺乏品牌建设运营意识，以前以薄利多销的方式经营，如今劳力成本上涨、原材料加价，薄利亦将不复存在，企业生存遭遇挑战。

2. 转型策略分析

重新定位品牌形象，升级现有产品通过重新定位产品的品牌形象，提高产品附加值。

3. 设计策略

分析市场发展趋势、企业现状、竞争对手状况，重新制定品牌

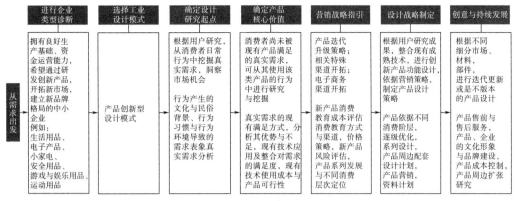

图5 产品创新型设计模式流程图

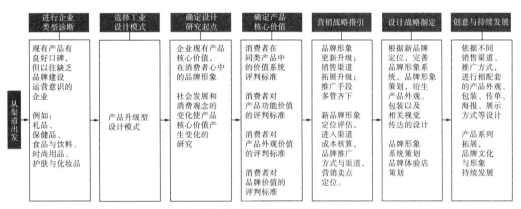

图6 产品升级型设计模式流程图

定位,进行品牌形象系统设计,包括产品造型、包装、宣传等相关视觉传达设计,升级其在消费者心目中的价值地位。具体流程见下图6。

5 结语

　　企业运营涉及管理能力、机制、资源整合等多个方面,成功实现转型目标需要从上至下进行长期的调整与转变,在短时间内难以达成,而工业设计仅为其中一个环节,但又是必不可少的关键环节。本研究希望以工业设计为切入点,辅助我国制造业企业大部分的中小企业,在追求难度较大的技术创新转型路径以外,更可根据自身综合状况,选择合适的工业设计模式,整合资源进行快速、有效的产品开发,从而获得独立自主的创新产品,实现升级转型的核心目标。

参考文献

[1] *United Nations. World Economic Situation and Prospects* 2013[R]. NewYork, United Nations, 2013.
　　联合国. 2013年世界经济形势与展望[R]. 纽约:联合国, 2012.

[2] *Zhou Yikun. Guangdong professional town development status and Countermeasures*[J]. South China Rural Area, 2012, 3-30.
　　周轶昆. 广东专业镇发展现状与转型对策[J]. 南方农村, 2012(3):53.

[3] Lan Cuiqin. *The development of industrial design, power of household electrical appliance enterprises upgrade.* [J] China Appliance, 2013, 3-30.
　　兰翠芹. 发展工业设计, 助力家电企业升级. [J]电器2013(3):30.

[4]   NBS Survey Office in Zhejiang, the research group. *Small and medium enterprises' perplexity and outlet of transformation in Zhejiang*. [J]. Zhejiang economy, 2011, 21–30.
国家统计局浙江调查总队课题组. 浙江中小企业_转型的困惑与出路[J]. 浙江经济, 2011（21）：30.

[5]   Wang Xiaohong. *The sector status and suggestion of industrial design development and upgrading of the Guangdong manufacturing* [J] Chinese science and technology investment, 2012, 29, 59.
王晓红. 广东发展工业设计促进制造业转型升级现状与建议[J]中国科技投资, 2012（29）：59.

黄旋

在读博士，就职于广东工业大学艺术与设计学院，工业设计系讲师，"千百十培养工程"培养对象，2016年入选第120届广交会青苗计划，作品《茶方自赏——便携茶具》获广东省第八届"省长杯"工业设计大赛产品组银奖。

产业设计下的新变动秩序

李书欣

内容摘要： 提高风险的不是变动，而是对变动的抗拒。人类的文明史是在觉知范围内对于变动的认知和掌握的能力的发展史。我们现今已经站在产业设计的历史节点上，即将成为人类"进化"的设计师，步入"新文明"时代。

论文主要研究新文明下变动中的秩序，为未来产业设计提供了发展方向。

我们急需认知和掌握变动中的秩序，并总结出一套全新的理论实践体系，促进产业设计以推动变动的"新文明"发展。而进行产业设计则取决于未来的变动的方向，未来的变动方向是冲突的结果，我们有责任运用创造力设计自己所依存的这个世界来平衡冲突所造成的各种影响，以实现更合理的社会理想，即新文明时代。

关键词： 变动中的秩序　新文明　产业设计　新变动

1. 新思维：创造性思维和思考

新文明时代的思维提倡思考本身，提倡对事物本质的追寻，并根据本质核心系统地合理地解决问题。清除大家都认为是这样的和因某著名人士曾经说过某些话被认为是这样的判断性障碍。

思维因其形式和结构分为逻辑思维、形象思维和灵感思维。根据思维的基本分类，人类在长期的实践中总结出一系列成对的"思维路径"以提高活动效率，比如分析和综合，抽象化和具体化，归纳和演绎，正向思维和逆向思维以及奥斯本设问法的扩大缩小，智力激励法的畅想和评价两个阶段的划分，本质上都是成对思维路径的应用。

针对灵感思维，笔者打算用"预演"这个词进行阐述。先举一个例子，卡门收集所有现有的轮椅专利，并进行了一些梳理，当他发现很多自己的想法已经被实现时，他感到很惊讶，有的人发明了有腿和手臂的轮椅，用来解决问题，但这些发明都存在着或多或少的缺陷，没有一个发明能启发卡门想出一个新的方法。在卡门发现一种全新的方法之前，他花了两年的时间不断地进行尝试，但都失败了，有一天他走出浴室，因为湿瓷砖滑了一下，这时，他的双腿向前稳定身体，伸开胳膊以保持平衡防止自己摔倒。在那一刻，他意识到，已经找到了自己问题的答案，他需要设计一种能保持平衡的全新轮椅，而不是简单地安装一些部件来达到行走和抓取东西的目的。灵感思维的表现往往是时机性的，然而灵感并不是随意产生，绝对符合时机性的。首先，思维要允许足够的自由度可以进行相关信息的搜索整理，也要允许有足够的放松度让我们从容且更合理地从大量信息中捕捉有效信息；其次，思维要有一定的顿悟能力将有效信息和预演信息相匹配，最终产出结果。预演信息是我们预先存储在大脑中等待匹配的信息，由以往经验获得并在大脑中以多种预演的形式准备好进行匹配，在这种时候预演能力又可以为顿悟能力做准备，当然也要有一定的顿悟能力才能产生多种预演形式。

爱因斯坦16岁时曾问自己"如果有人能达到光速，将会看到什么现象"，以后他又设想"一个人在自由下落的升降机中，会看到什么现象"。他在充分发挥想象力的基础上，经过严格的逻辑思维和严密的数学推导，创立了相对论。发明是对结果、工艺制造、工作方法的合理化改进，是不同程度上重复分析—综合—验证的各步骤从而使最初的发明加以完善，三种思维在发明创造的不同或相同阶段以不同的形式相作用，最终输出结果。

由于具体的发明过程常常受到创造者心理因素和智力条件的制约，因此要研究创造性成果就要研究创造者的性格特征、成长规律和创造者在发明创造过程中的状态。社会中的角色在发明创造过程中的状态往往由人所受的教育和从事的职业决定，因而从大背景来看，科技经济和社会发展为发明创造的发展提供了前提，而自然科学和社会科学的相关学科的发展和交叉又为发明创造的发展提供了条件，针对这个问题，社会应接纳和支持相关理论和组织的逐渐形成和成熟，为新文明的创造提供理论和大背景环境支持。

在这里笔者强调思维自由和放松的重要性并提出思维和精神情绪以及行动相关的论点，希望在产业设计的今天，能够引起我们对于思维的更多思考且更了解思维。图利随着从那些他已经熟练掌握的让人心烦意乱的课程中解脱出来，集中注意力，用自己的想法来娱乐自己，这正是一个锻炼思维能力的好机会。被诊断有脊椎前移后，他有一些想法开始出现，如果能顺利活下来，他就能克服任何困难，不再怕别人异样的眼光，他决定去追寻自己的梦想。正是这段不同寻常的经验让图利相信他已经找到了他即将为之奋斗终生的工作，真正实现了自己的梦想。谷歌早期将自己定位为一个创新的引擎，试图在建立20%时间为工匠们解除束缚这项独特的制度下，谷歌的工程师们可利用工作时间的20%来完成与其自身职位无关的项目。这一制度的基本想法是，有时工匠在他们专业领域之外会获得一些令人惊讶的创新成果。可见思维自由和放松的重要性早就贯穿人类的生活。

在我们的记忆中，美国人的荒诞乐观和张扬疯狂总是能为创造提供发展壮大的土壤，已有研究表明，在21世纪的大部分时间里，美国人的性格特质在颠覆性的事件中一次又一次被重新定义。因此可以认为精神情绪是创造者脑海中以及正在进行中的一系列想法和创意推动的结果。

思维还和行动有关。在静力结构领域中做出过多种发明的巴克敏斯特·富勒，由于他观察过许多帆缆系统很复杂的帆船，锻炼了他的物理学思维，不仅有着三维空间的特殊思考能力，并能清晰地想象出保证静态结构稳定的力量，所以他才能轻松自如地想出在球面上建造空间物体的新方法。完善工具和使用工具的训练，使人感受到各种材料的硬度、弹性、打击和力矩的动力学，弯曲线和绳索的行为，使思维和现实结合在一起，感觉与智力直接联系，促进了发明的成功。甚至可以说，有些发明简直是用手，而不是用脑做出来的。从这个角度思考，就是行为决定思维，不同于工业社会以往的思维决定行动的简单论调，思维和行为之间存在的更复杂的关系有待我们进一步研究。

2. 新觉知

通过觉知，我们了解了不是真实世界的世界，红色的花在红绿色盲的人的眼中不是红色，在其他生物眼中不一定是红色，而红色和花或许也不是世界原本的样子，一切都来源于我们的觉知。

我们不仅有并不真实的觉知，还有并不可靠的觉知，视错也一度被设计师运用到作品当中，感觉的错误也让人与人之间误会丛生。

未来知觉继续发展，我们将基于虚拟场景和设备对世界又有一种不同的认知，活在所谓现实和虚拟的边界生活中，对事物有创造性的设计性的觉知。

3. 新理论体系

工业社会的普遍危机有裁掉一批又一批的员工，整个家庭结构分崩离析，大众媒体分众化，人民的生活形态和价值观趋于多样化，变化和人们对于变化的认知过程的改变促使我们形成新的思考方式，催生了系统论、控制论、信息论、突变理论、耗散结构论等以及处理时间、空间、质量与因果关系的新理论。

3.1 系统性

新文明注重结构、关系和整体，不是研究孤立的事件，解决单一的问题，所有的知识领域从自然科学到社会心理学、经济学、生理学等走到了新综合时代的边缘。像医学界的整体健康运动的掀起，追求心理生理的整体治疗；像脑生理学和心理学的相关性，脑生理学是心

理学的基础，心理现象不仅以身体经验过程为条件，而且此后还会导致身体产生新的经验。从心理和身体行为的关系可知，工业社会简单的线性的单向决定理论已经不能满足发展对于人类思考方式的要求，很多关系逐步形成环形复杂关系甚至是网状结构关系。

系统的思考方式的内涵是：管道管理的管理和改革方式。它区别于传统头疼医头、脚疼医脚的解决问题办法。举个例子，生产厂商开发出了一种新产品，可是年轻人对这种新产品就是没有兴趣，这样一来，消费者的核心力量就渐渐呈现出高龄化的现象，而年轻人的消费欲望就会越来越淡化，最终导致消费市场将被完全贴上高龄化的标签。然而，高龄人群即便真的成了消费的核心力量，也不会对整个日常的消费和投资有多大帮助，因为老年人往往只知道往银行存钱来应对养老以及增税等问题。

系统的思考方式的内涵是："5W1H"法——who，where，when，why，what。它不仅可以用在创造方面，同样可以用在管理工作上，比如开个小卖部，要清楚谁是主顾，地点设在何处，何时购物，此法只要仔细分析全面分析就可以解决很多问题，原因就是我们在处理很多事情都会因事物的复杂性与目的渐走渐远，用这个方法，我们反而可以很快地针对事情的本质，有效地解决核心问题。

系统的思考方式的内涵是：更高选择。用新的理论和工具来实现第三选择，使之成为一定限度内的最合理选择，即最高选择，具有多样化特质。

理性一般指我们形成概念，进行判断、分析、综合、比较，进行推力计算等方面的能力。在很多事情上我们容易犯感性或者理性上的错误，我们需要第三种选择跳出单纯的感性或者理性思维，不同于最优选择和标准答案，更高选择在感性和理性之间寻找新的平衡点，答案往往因人而异，具有多样化的特质。

3.2 新的探索

新的变动要求我们不是合作协同以达共赢且不盲目地将对手当作敌人，就是将不能共赢的对手当作暂时的敌人，激励自我独立前行。新的选择方法涉及统计学、数学模型和偶然性研究。如果理想是博弈论，那么现实就是自卫性战略方针，运筹学研究一个人尽最大努力做好能做的任何事，系统分析强调扩大选择，哪怕这些选择根本不存在。对于系统、复杂的问题，大数据和数学模型在实现这些目标过程中，扮演着至关重要的角色。大数据自动化决策将为问题带来一个或多个多元化答案，我们往往能精算出多个最高选择，而不是像以往追求最优选择和标准化答案。

但偶然性因素和风险往往始料未及，能做的似乎只有风控，然而，新文明可能会要求我们揭开神秘学说的面纱，引进科学的方法解决更多现实的问题，真正将易学等传统文化摆到台面上研究、真正科学运用，缩小偶然性的几率，增大成功概率。《易经》的现时发展和社

会人士的肯定将使我们重新认识传统文化，运用传统文化解决现代问题。

科学家研究所有的生物进化到底是突变还是自然选择的结果，还是由变异累积成"遗传趋势"。而日本国家遗传学院木村博士指出，分子方面的进化研究结果和新达尔文主义的想法非常矛盾。以往生物学家告诉我们真核最先是来自简单的细胞原核，而新的研究也表示简单的生命形态可能是来自比较复杂的形态。牛顿以来，都假设时间是一条直线，从模糊的过去伸展到最远的未来，时间在宇宙各处都是绝对的规律，独立于质量和空间之外，每一瞬间，每一段时间都是相等的。然而20世纪初，爱因斯坦已经证明，时间可以压缩，也可以延伸，粉碎了绝对时间理论等的例子表明，新的理论向我们走来，要求我们思考事物的本质、接受变动并探索变动。

4. 新能源和企业以及组织

有关能源，我们不仅需要某一数量的能源，同时也需要以不同形式、不同地点、不同时间为突发事件而使用的能源，需要发现、发明更多节约性能源和可再生性能源。像工业时期电话系统必须在街道下埋藏好几座铜矿、蜿蜒的电线、管路、继电器和开关，而现在我们启用光纤系统，制造光学纤维所用的能源，只相当于挖掘炼制和处理等长铜线的千分之一。而且，新科技和新能源的结合会把我们整个文明提升至全新层面，转入一个真正没有浪费和污染的新陈代谢系统。

未来的企业将更多地组织临时性单位，像工作团队、各部门会议、计划小组等，称为项目制度，一个典型的计划小组可能拥有制造、研究、销售、工程、财务以及其他各部门的人员。这些小组人员除了向各自的正常上司报告之外，还要对计划主持人负责，即对矩阵组织负责。企业的规模也将变小，产生许多自治组织负责各个项目的开展，且企业对组织负责，通过协议达成合作性工作以提高组织效率和企业机动性，以应对多样复杂的市场。未来企业团队的构建也将纳入消费者，消费者可通过设计、采购、反馈等环节直接或间接参与企业运营。

5. 新变动和产业设计

由新文明变动部分，我们可以观察到现实与未来，蹩脚与合理之间的矛盾，多样复杂的市场需要更高效的效率和人才，这要求能够代替个人低级工作和企业低级工作、沟通的设备诞生，结合新组织对于变动的推动，运用创造力针对矛盾得出解决方案。

在微博曾经看过一篇讲品类型品牌消失的文章，讲到互联网前的定位营销策略，以海飞丝为例，解决好自身"去屑洗发水"的品类方向后，开始建立品牌。此前很多品牌确实靠此圈粉无数，但互联网的高速发展，聚集了一批又一批有共同价值观或者兴趣的人，笔者称其为新组织，并认为不论因感情、利益、梦想还是兴趣结合的新组织，在未来都将承担更多的社会功能，可能是产品的设计、商品的推广和营销，或者是某种权利的声讨。

未来的品牌建立、产品营销甚至是产业设计，要靠新组织，要靠以解决直接或者潜在矛盾为主的体验式生活方式的创造力，产业设计的贡献者用创造力和体验解决我们生活方式中的矛盾，通过信息的收集分类、资源整合、研究开发、生产试销、生产线安排、市场开发等整个过程让产业落地，实现产业设计。这就是产业设计的方向和如何进行产业设计的问题的答案，它由新变动的矛盾产生，由体验发现，由创造力和执行力解决问题，并以新变动中的秩序为原则而发展。

李书欣（1994-）
本科就读于山西太原理工大学现代科技学院，工业设计专业。

创造分化和制造业发展

李书欣

内容摘要：创造力是国际竞争力，本文针对互联网技术和中国制造业发展现实，探索未来创造力设计在制造业的应用。

新创造即将分化，一部分将由互联网技术代替，另一部分需要高度的想象力和创造力来驱动发展，需要我们对于生活方式的体验、矛盾的分析以及想象力和创造力的发挥，这个阶段是破坏性创新和产业设计能力的高度发展时期。

互联网技术的发展带动了创造的分化，为制造业的大规模多样化定制生产带来了可能性，将互联网+设计平台应用于制造业发展会进一步推动大规模多样化定制生产进程。

关键词：创造分化 大规模多样化定制化生产 互联网+设计 破坏性创新 产业设计

1 创造分化

新创造即将分化，一部分将由互联网技术代替，一部分需要高度的想象力和创造力来驱动发展。

19世纪最大的发明就是发明了发明方法，到20世纪60年代，这些研究有一些取得了成果，即提出了几种发明方法学。到20世纪70年代，更多的发明方法学问世，并且吸收了创造力方面的相关人才。期间，《曲别针的一万种用途》的核心思想是将对象特性属性全部罗列出来，分门别类加以整理和排列组合等，在各项目下试用可替代因素加以置换，产出具有独创性的成果。创造技法还有相关功能、形态、结构、材质等的联想、类比、组合、分割、异构同质、颠倒顺序、大小转化等，还有等价变换法，等价变换法还带有一系列辅助工具，有铁路图形法和等价表等。

像流体、热、电现象在向量场、连续流、管流等各种状况下，微分方程十分类似，表明三者具有相似性。因此，当发明中应用流体力学手段有困难时，可考虑用热力学或电学手段来代替。此外，还可借助等价表来进行专业知识领域间的横向沟通和触类旁通。

像回旋加速器的发明，选择了更为古老的技术原型。以色列古代国王大卫幼年放羊时所发明的一种投石装置，在绳子一端系有皮垫。当羊远离羊群用手投石够不到时，将石头置于垫上，在头顶甩绳成圈，在达到一定速度时甩出绳子，带动石头投向目标，可使羊返回羊群。粒子在回旋圆周的磁场中加速，如要得到更高的速度，只要转够足够的圈数就可以了。

像软硬毛牙刷的发明属于材料组合中的功能的排列组合，为了使牙刷既不伤牙床又能洁齿，将硬尼龙丝置于牙刷中心，周围放软尼龙丝，刷牙时软尼龙丝轻刷齿龈，硬尼龙丝把牙齿刷净。又如内插式设计，在老人用的手杖中插入手电筒，警铃和按摩器。

由此可见，创造发明的各种知识技术和方法可以被程序输入，进入一个新的阶段，程序通过创造性原理运用，形成一个知识性、方法性的设计辅助工具，就连普通消费者也可以通过平台自行设计甚至到后来可以操作设备运转生产产品，设计师可以通过平台自动运算解决外观、节约材料控制成本以及计算强度、分析应力的问题。

创造分化的另一端是我们对于生活方式的体验、矛盾的分析以及创造力的发挥，是破坏性创新和产业设计能力的高度发展。

很多管理良好、锐意提高竞争力、认真倾听客户意见积极投资新技术研发却仍然丧失市场主导地位，甚至在市场消失的企业往往因为忽略后天的市场变化和技术变革，或许可以说是忽略后天的市场需求而满足于现有市场的优秀战果。这种情况既发生在制造业，也发生在服务业，从西尔斯公司忽略折扣零售和家具中心、数字设备公司忽略台式计算机的出现，到腾讯对移动的跨业打劫，后来者总是以令人忽视的技术变化和革新颠覆前者，这种具有一定破坏性的创新被称为破坏性创新。

然而，破坏性创新在初期总是生存在不同于以往的主流市场，往往需要投资者寻找这片滋养它的市场，并在初期运用尚不成熟甚至不被人看好的技术来进入市场并抢占市场，它往往是满足后天的市场需求，具有一旦发展成熟便可动摇甚至颠覆现有行业的特质。而这些破坏性创新方案也往往先出现在占据市场主导地位企业的办公桌上，然而却因为其满足市场小、技术不成熟、投资回收少且一般不满足以往主流客户需求等一系列原因被拖延甚至被放弃。

美国发明家维特科姆伯·朱迪森带着经过改善的钩子锁扣和女靴制造商进行谈判时，制造商都没有愿意进行尝试，原因是扣件容易锈蚀，且经常卡齿。扣件当时可满足市场的几乎没有，技术也不够成熟，投资回报更是不用说，尽管随着时间和技术的相对成熟以及对于市场的准确挖掘，拉链最终大量应用于服装业，但是大量应用的时间点却整整推迟了半个世纪左右（图1）。

图1　钩子锁

破坏性创新往往伴随着技术变革，或者将组件组合成一种全新的产品结构，并且为客户提供一些他们之前从未体验过的新属性。液压挖掘机不同于柴油挖掘机，容量小、工作半径小，早期的液压挖掘机对采矿和普通挖掘基本没有使用价值，而后企业采用一种主要面向小客户的经销机制，之后因挖掘时间短，在第二次世界大战和朝鲜战争结束后的房地产繁荣期深受承建商欢迎。再之后，企业通过技术的发展，在市场上积累设计和制造经验，最后利用这个商业平台冲击了他们上方的价值网络（柴油挖掘机）。

破坏性创新中针对不同于以往市场的产品将重新定义企业的主要营销方式和销售渠道，也往往意味着企业文化和价值观的转变，从现有客户为企业带来的价值观网络转变到后天市场对于产品功能、形式、情感诉求所形成的价值观网络。破坏性创新绝不仅仅意味着产品的创新，产品的创新所带来的全新属性已经决定了受众特质的不同，受精准化营销影响，具有新属性的产品将更吸引与其相匹配的受众特质，且由兴趣聚集起来的组织兴起，也决定了营销方法和销售渠道的必然改变。

那如何有目的地进行破坏性创新呢？首先，创新产品具有满足客户从未体验过的产品属性的特点，那与以往产品属性相比较，创新产品和以往产品的竞争基础是不同的。通过设计和制造的相关理论学说与实践结合进行创新，更换产品的竞争基础，可以通过设计将产品进入不同于以往主流市场的领域，也可以运用技术革新达到更换竞争基础的目的，最终为消费者带来全新的新产品属性。

产业设计，是具有两种核心精神的系统创新，不同于工业设计那样仅仅是涉及产业中的部分环节。而真正的创新往往意味着技术的发展和突破，意味着资源的整合和产业新属性的诞生。

产业设计少不了两种核心精神作为活力不断地推进产业设计发展

的过程。两种核心精神分别是创新精神和工匠精神。很多专家和学者都将创新精神和工匠精神糅在一起阐述，表明创新精神是工匠精神在新时代的内在含义，或者是工匠精神是创新精神在新时代的内在含义，或者干脆割裂来看。

然而我认为，两者可以各行其道，也可以相互为内在含义，这要看使用人群的特质。我的意思是，可以有一种人将创新精神和工匠精神以一定的方式有机结合起来，从而达到外化和物化的目的。也就是说，可以有人天马行空负责有效的创新，也可以有人精雕细琢负责项目的落地，也可以有人将创新和落地对接起来，负责创新到落地的整个过程。

在产品的不同生命阶段，发明和革命的内容、重点和速度也会不同，产品生命周期图同样也适用于产业。关系如图2所示（摘自《发明创造技法》）：

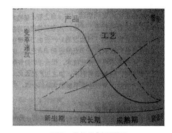

图2　产品生命周期图

不同的产品或者产业随着时间推移在技术性能方面显示的特性图如图3所示（摘自《发明创造技法》）：

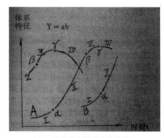

图3　产品发展技术性能曲线图

如图3所示一条产品曲线，在α点后技术体系内部联系已被掌握，特性迅速提高；在β点技术体系达到合理限度后，曲线趋于平缓；在γ点虽然在原理上和经济上该产品已没有潜力，但为了尽可能增加收益，在现实世界里往往要发展到油尽灯枯为止。另一条产品线在不同的价值网络之上进行发展，往往在技术上有新的应用或者突破，针对不同于以往的主流市场，随着时间的累计，技术和资本的准备会让该产品超车前一产品（从两条曲线交点开始，即达到相同技术性能时间点）成为新的主流商品。

如今，生产和销售关系变动，供大于求，引起产能过剩，也因为资源价格上涨，成本费用升高，制造业企业迎来倒闭潮。这系列的现象说明制造业已经不能够提供更多的低素质就业岗位，未来的生产机械设备会代替掉更多的劳动力，自助设计、生产等的自助服务的兴起也会替代掉一批劳动力。市场多样化、个性化、定制化时代到来，要求生产设备降低产品多样化、个性化、定制化的成本，提高效率，要求使用更节约的能源，更有效的技术和精准化营销策略，消费者更要求走到设计师和生产工人的"岗位"进行自助设计甚至生产。

在微博曾经看过一篇讲类型品牌消失的文章，讲到互联网前的定位营销策略，以海飞丝为例，定位好自身"去屑洗发水"的品类方向后，开始建立品牌。此前很多品牌确实靠此圈粉无数，但互联网的高速发展，聚集了一批又一批有共同价值观或者兴趣的人，我称为新组织，并认为在未来新组织会承担更多的社会功能，可能是产品设计，商品的推广和销售，甚至是操控产品生产，或者是某种权力的声讨。

未来的品牌建立、产品营销甚是产业设计，要靠新组织，要靠以解决直接或者潜在矛盾为主的体验式生活方式的创造力，产业设计贡献者用创造力和体验解决我们生活方式中的矛盾，通过信息的收集分类、资源整合、研究开发、生产试销、生产线安排、市场开发等整个过程让产业落地实现产业设计。这就是产业设计的方向和如何进行产业设计问题的答案，它由矛盾产生，由体验发现，由创造力和执行力解决问题。

破坏性创新和产业设计刺激并拉动着技术的发展和突破以及相关理论实践体系的形成和成熟。根据国内发展态势，2012年国家"十二五"规划提出战略性新兴产业，业界也有大量关于技术方面趋势的预测，在这里不再赘述。

2. 制造业

2.1 新方向

毋庸置疑，制造业未来的方向是多样化大规模定制生产，这就决定了制造业多样、多变的未来趋势。针对这样的趋势，制造业行业人士应接纳变动，并提高对于变动的处理能力，树立新的价值观来肯定变动，建立新的企业文化接纳变动，并制定相关的制度、组建适合的组织结构以迎合变动的客观发展规律并正确处理变动。

2.2 新团队

企业逐渐做大，左手越来越不知道右手要做什么，对于外界环境的多样多变事实，更是难以高效解决，我们需要锻炼团队的机动性，可以应急组成临时性单位，像工作团队、各部门会议、计划小组等，称为项目制度，一个典型的计划小组可能拥有制造、研究、销售、工程、财务以及其他各部门的人员，这些小组人员除了向各自的正常上司报告之外，还要对计划主持人负责，即对矩阵组织负责。这样的组织具有临时性质，当然也有可能干脆成立为特殊小组，具有自治性质的且可以利用公司部分资源、自治管理的契约性质特殊小组，以激励团队高效运行。在制造业发展过程中，消费者也会直接或间接地参与企业运营、反馈、采购、甚至是未来的自助设计和自助生产。

2.3 生产性服务业互联网＋设计

互联网技术的发展，聚集了一批又一批以感情、梦想或者兴趣为凝聚力的新组织，新的组织将承担更多的社会功能，可能是产品的设计、商品的推广和销售甚至是操控产品生产或者是某种权利的声讨。互联网＋设计的发展将会使研发、制造生产和设计等多方人士汇聚一堂，新的平台使天马行空的设计者的作品得以从完善到最后的生产落地并销售收益，有人做市场调查，有人投资，充分将各方资源整合起来。这一切仰赖于创造分化和程序取代部分设计工作以及破坏性创新和产业设计发展，源于我们对于取代部分设计工作的平台的开发推广和互联网＋设计的深入人心。让设计变得更简单、触手可及、更具创造力也更容易商品化，更接地气，而不是仅专属于设计师，这是自助设计的开始。

有人对1900年以来的480项重大创新的技术创新性质和方式进行研究得出的图表关系如图4所示（图表摘自《发明创造技法》）：

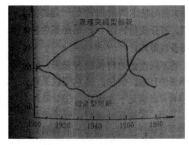

图4　创造原理曲线图

图表研究虽然不能说明2016年以后的发明创造技法原理的一些特质，但是由此而得我们不能忽略组合型创新的创新张力和前景，不论是原理性组合或者是其他功能上、形式上等等的组合型创新。

以下是一些自助设计的例子：

①区两分钟自制纪念币（图5、图6）。

图5　自制纪念币

图6　自制纪念币

②最近火热的VR体验式营销，允许顾客挑选家具，生成全景图（图7，图8）。

图7　用户生成内容　　　　图8　用户生成内容

VR设备不断涌现，VR领域的UGC内容（用户生成内容）占据了很大的份额。

③游戏行业允许用户创建内容。

VR+用户生成内容是游戏行业的未来发展方向，VR设备不断涌现，VR领域的UGC内容（用户生成内容）占据了很大的份额。

④家具行业，如衣柜，用户可以任意拖放板件，组成柜体（图9，图10）。

图9　家具多样化定制生产　　　图10　家具多样化定制生产

用户可以任意拖放板件，组成柜体，实现真正意义上的非标家具定制化，生成柜体后可以保存到产品库，方便下次调出，修改柜体相关参数，快速拆单生产。

这是目前中国的一些初期的自助设计例子，随着互联网＋设计平台的开发和设计原理应用，最终形成的知识性、方法性的设计工具的成熟，越来越多的人将会投身产品创新、产业设计。

正如兰德公司信息服务部主管说：一个人在未来20年内所能做的最富有创造力的事，就是做个非常有创意的消费者，你可能会坐在这里，为自己设计一套衣服，或是修改一个标准设计，让电脑激光枪为你裁剪，再用各种控制机器缝起来。日后，我们甚至可以自助解决心理、生理、社交等各方面一系列的问题。

李书欣（1994-）
本科就读于山西太原理工大学现代科技学院，工业设计专业。

从工业设计的角度如何搭建设计部门的研究体系

杨纾三

内容摘要：对于一个制造型的企业来说，产品是其生存的根本，我们要做什么样的产品，我们想要攻下哪一块市场，我们要如何树立自己的品牌形象，在产品开发之初，这些问题是我们不得不回答的。本文从工业设计的角度，提出了一种设计研究的框架，基于这个框架来进行设计研究，可以找到我们的目标人群，精确我们的产品定义，从而让产品开发的前端更加的准确和高效。

关键词：设计研究　产品开发　工业设计

1　研究背景

中国的市场经济已经推行了三十多年，从最早的物质匮乏的卖方市场已经转变为现在的买方市场，同一种产品在市场上品类繁多，有充分的可替代性，这对企业的经营提出了越来越高的要求。如何提高企业的竞争力，我们一般会从提升产品品质、降低经营成本、提升品牌溢价能力等方面来着手。

对于创维这样的制造型企业来说，好的产品是生存的根本，如何做出好的产品，通常来说我们认为应该要有优秀的外观设计，良好的使用体验，精致的生产工艺，可靠的产品品质，其中外观设计和使用体验是设计部门的主要职责。

以往的大部分产品设计都是靠设计师个人的灵感来完成，虽然这样的方法产生了一些不错的产品方案，但过程中也逐渐暴露了一些问题：①产品设计的创造性不稳定，人的创造力存在高峰低谷，过于依赖自身的状态很难持续输出好的作品；②设计效率不高，大部分的设计其实都存在非常多的方向，不同的设计师拿到立项后通常会自行进行前期的梳理分析，大量重复前端的工作会导致整体部门效率降低；③目标性不强，因为缺乏一个统一的研发框架，产品在市场上很难汇成一股力量，从而导致品牌的辨识度较低。

2　研究意义

设计师在整个产品链中的角色是消费者的代言人，工艺、结构、生产、成本控制、美学这些是工业设计的招式，而内功心法则是关于人的研究与洞察，那些优秀的品牌或是单品，无一不是捕捉人心的典范。

招式上我们清晰地知道如何去使用和提升，而作为内功心法的设计研究该如何操作，我们大部分人只知道一些零星的知识点，例如我们知道要做用户访谈，要找到用户的痛点，我们知道人群是可以被分类的，而且这样的分类多种多样，我们知道用大范围的问卷填写可以得到相对精确的百分比数据，但同时很多这样的数据又难以用于产品设计等。这些知识点存在在怎样的一个系统里，这个系统从哪里开始，到哪里结束，最终那个看似模糊而又复杂的问题是如何一步一步被拆分开的，每一步的目的是什么？明晰这个系统可以有效地帮助我们看明白设计研究是什么，同时应用这个系统将有利于加强产品与人的关联度，从而获得更大的市场竞争优势。

研究在我们的经验中容易做得虚无缥缈，很难应用于实际，本文将理论与实际工作经验相结合，进一步来阐述企业的设计研究体系应该是什么样的。

3　什么是设计研究

3.1　设计研究的目的

人的感受和表达之间存在着一条鸿沟，当消费者看到一个产品或是产生一个需求后，他的感受是很难准确表达出来的，因为这条鸿沟，才有了那个设计界经典的例子——我们要设计的不是椅子，而是一种休息的方式。因此，更加深刻地去了解人，从消费者的表达中去探究他们真实的感受才是设计研究的核心目的，在消费者的感受和表达之间架起一座桥梁，让设计师能穿行其间。

3.2　设计的起点

进行产品设计时，一般来说有三个构思的出发点，人、市场、技术，如图1所示。要开发一款新产品时，从人的角度出发，我们首先考虑的是消费者，我的产品要卖给哪些人，他们的消费能力如何，审美是什么样的，有哪些需求等，然后据此给出产品定义，开始进行设计；市场角度则是一种竞品导向的角度，我们主要是看竞争对手在做什么，我们针对一些有威胁的竞品进行跟随开发，模仿其产品定位，开发对标产品；从技术出发，主要是指上游企业开发出了新的屏体、硬件技术或是材料工艺等资源，我们根据这些资源的特征进行产品设计。

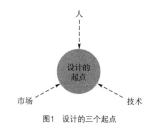

图1 设计的三个起点

人、市场、技术是产品开发的三个起点，设计研究的框架同样也是围绕着这三点来进行搭建的。

4 正向的设计研究

首先来看以人为出发点的研究思路，这里我将其称之为正向的设计研究。

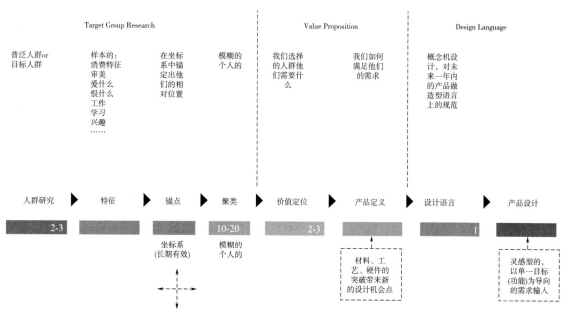

图2 正向的设计研究流程

4.1 锁定目标人群

这里有两种可能，一是我们已经有了非常清晰的目标人群，二是我们还没有清晰的目标人群。结合创维的实际情况，我们以第二种情况来做说明。很多企业谈到目标人群的时候都会说，我不需要界定目标人群，所有人都是我的目标，一旦界定了我的市场就被人为地缩小，比如iPhone就是全人群覆盖的产品。这种观点就是典型的忽略时间谈市场，iPhone在2007年推出1代的时候，可不是全人群覆盖的产品，它这种颠覆式的使用方式和体验，只是针对社会上喜欢尝鲜的极客型消费者，当在这一批意见领袖的圈子中形成口碑后才开始向其他消费群体中流动，最终扩延到全人群。清晰地界定目标人群有助于我们精确地开发和投放产品，形成品牌和口碑，而后通过目标人群来辐射其追随族群，进而扩大到整个市场。因此，在第一步的时候，如果有清晰的目标人群，我们可以直接使用；如果没有，我们将通过第一轮的设计研究来找到目标人群。因为企业在不断发展，市场在不断变

化，因此目标人群的界定2~3年就需要进行调整更新，以更好地应对未来。

4.2 发现人群特征

经过预研阶段的梳理后，我们筛选出符合项目要求的调研对象，然后要通过调研中的各种方法和工具，挖掘目标对象的相关信息，一般我们从成长、生活、工作、消费这四个方面来入手。这一步是整个研究过程中的第一个难点，我们要得到哪些信息，我们又如何去捕捉到这些信息，是人群研究最大的挑战。

4.3 锚点

提到锚点，就不得不提到用于锚点的坐标系，坐标系是分析过程中一个重要的工具，本身具有多种形式，例如，我们以人为研究的主体，坐标可以参考心理学对人的分类来设计（图3）；我们以产品为研

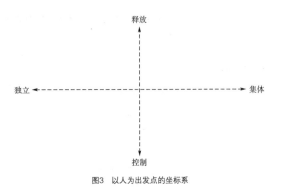

图3 以人为出发点的坐标系

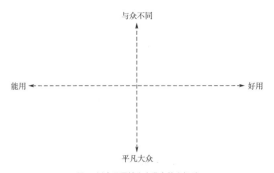

图4 以产品属性为出发点的坐标系

究主体,坐标可以参考产品要素来设计(图4)。这里以图3来说明,根据第二步得到的人群特征,我们会将所有的样本在坐标系中标定位置。

4.4 聚类

当所有人都置入坐标系后,我们将根据人群之间的相似特征对他们进行聚类,根据实际操作经验来看,人群锚点经常会比较均衡,没有明显的分类,因此这个环节是最为模糊的,划分多少个类别,哪些人应该分到同一个类别,都需要依靠研究人员的经验来判断(图5)。聚类是研究过程中的第二个难点,聚类是否合理将直接影响到最终结果。

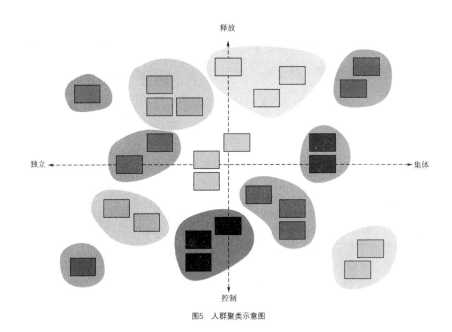

图5 人群聚类示意图

4.5 价值定位

当我们将人群的类别划分清晰后,每个族群的特点也会清晰地展现出来,包括他们的生活、成长、工作、消费等方面的特征,接下来我们需要筛选出我们的目标人群,并且进行细分,其中包括核心人群、扩展人群、追随人群等,如何筛选则是根据企业自身的情况和目标来决定。明确了这些人群后,我们将要从设计的角度来进一步总结

这些人群的价值定位,也就是综合前面所得到人群的信息,从现象中归纳出需求,再从需求中洞察出该人群共性的价值取向。需求是对人群单一维度的描述,而价值定位则是对人群多维度的描述,多维度的描述能给设计师带来更丰富的设计意向,它可以将抽象的需求转化为更为实际的产品要素展现在设计师的面前,因此,价值定位是将用户与设计师进行连接的关键环节。

4.6 产品定义

梳理完了人的部分，我们将综合自身的实际情况，规划出产品系列以服务于不同的人群，并根据人群的价值定位，定义出不同系列的硬件标准和外观风格。

上文中有提到，技术是设计的三个起点之一，对于电视来说，技术主要就是屏体和音响，上游供应商如果有新的技术，将会在这一步来导入研发，新的技术一般会带有显著的特点，例如杜比音响的环绕效果非常好，LG的OLED则是以超轻薄的屏体和新颖的贴墙方式著称，通过前期的人群研究，我们可以判断出在我们的目标人群中，哪些类别的人群会最先接受这样的产品，我们如何去设计产品将最有利于击中他们的价值诉求点，一旦确定了技术与人群之间的关联性，我们也就很容易决定这样的新技术将率先布局在我们的哪个系列以及如何进行后续的产品设计。

4.7 设计语言

如果希望自己的产品能形成统一的风格，有家族化的设计语言，将会在这一步来进行规划，如果不需要，这一步可以略过。在这个阶段设计会提供若干个符合目标人群价值定位和企业产品定义的概念型产品原型，这样的概念机将会较大限度地体现设计的创新性和外观，然后进行企业内部的评审和选择，最后选定的方案将会成为第二年量产产品的参考，它的外观特征也会被使用在对应的系列产品之中，从而让系列内所有的产品都具有相同的造型语言。因为市场变化非常迅速，所以设计语言基本上一年就需要有一次调整。

4.8 产品设计

根据具体项目的产品定义以及概念机，设计师开始着手进行产品设计。值得一提的是设计师在创意过程中，经常会发现用户的一些痛点，例如很多人洗了衣服总是忘记晒，所以我们设计出了带烘干功能的洗衣机；很多人看新闻说现在的水质不好，于是我们设计出了家用的净水器，这是一种以单一目标为导向的设计，它主要是为了有针对性地解决特定问题。当我们有了设计研究工作作为基础，发现这样的痛点后，可以向前端追溯，找到存在这样的痛点的人群，辅助以相适应的产品定义，可以让痛点得到更加充分的挖掘，开发出更加匹配的产品。

4.9 小结

以上这八个步骤是从正向，也就是从人出发，寻求最终的产品开发样式，关键点有两处，一是发现人的特征，二是如何对样本进行聚类。该流程同时也涵盖了如何从技术端出发设计新产品，从突发的灵感出发如何设计产品。

5 逆向的设计研究

图6 逆向的设计研究流程

以市场为出发点的研究思路，我们将其称之为逆向的设计研究。

首先是明确我们主要的竞争对手，锁定与我们对标的产品，从价格、硬件、功能、外观这四个方面对其进行定位，然后是模仿，这里说的模仿是指模仿其定位，一般这四个方面就基本涵盖了对手这一款产品的目标人群、价值定位、产品定义等一系列的内容，我们推出相应的产品能够在相同的市场与之竞争。

这种方式较之于正向的方法速度更快，更加便于操作，缺点在于产品推出的速度会慢于对手，同时很难树立自己独特的品牌形象。

6 总结

产品是企业的核心，在模糊的产品开发前端，设计研究可以帮助我们梳理出一条清晰的道路。按照实际情况，我们的产品开发一般会从人、市场、技术这三个方面切入来进行规划，因此，设计研究框架也将围绕这三个方面来进行搭建，人与技术可以合并为一，称之为正向的设计研究，从市场的角度出发称之为逆向的设计研究，这两种方式即是设计研究框架的两条主线。围绕主线，我们将其拆分为更小的可执行的步骤，最终将目标人群的价值定位与设计师的前期创意进行关联。

当下的朋友圈、直播、人工智能、虚拟现实等热门产品，大多都是根植于人性的，谁能洞察人性，谁就能抓住消费者。本文所阐述的设计研究目的即在于此，从聚类到洞察，让我们的产品能像精确制导导弹那样，更加精准地击中消费者的内心。

参考文献

[1] 彼得·德鲁克.新产品开发[M]. 北京：中国国际广播出版社，2002.

[2] 保罗·贝利维尔，艾比·格里芬，史蒂夫·塞莫尔梅尔. PDMA新产品开发工具手册[M]. 北京：电子工业出版社，2011.

[3] 代尔夫特理工大学工业设计工程学院. 设计方法与策略：代尔夫特设计指南[M]. 倪裕伟译. 武汉：华中科技大学出版社，2014.

杨纾三

2006年考入清华大学美术学院工业设计系，获文学学士学位；2010年保送至清华大学美术学院，获设计学硕士学位。

参与项目：

2010年CUMULUS国际艺术设计院校联盟（北京大会）会议VI视觉系统设计、2010年红塔集团品牌研究项目、2010年菱王电梯股份有限公司产品开发项目、2010～2011年，韩国LG集团"中国市场CMF趋势研究"项目、2010～2011年，联想集团"品牌案例的设计战略研究"项目、2010～2012年温州扬业照明科技股份有限公司产品开发项目、2011年韩国LG集团电视产品设计开发项目、2012年韩国LG集团"中国文化元素造型设计研究"项目。

现任深圳创维－RGB电子有限公司设计师。

| 他山之石 |

设计政策的转型：芬兰新旧国家设计政策的对比研究

陈朝杰 方 海

本文为2015年度教育部人文社会科学一般项目青年基金项目《设计政策驱动经济变革——芬兰的启示与借鉴》（项目批准号：15YJC760004）阶段性成果

内容摘要：由于国家在设计上的投入与国家竞争力之间有很强相关性，运用设计战略来提高国家竞争力已在国际上获得共识。本文通过芬兰新旧国家设计政策的对比研究，从政策研究逻辑、制定逻辑、制定主体、制定过程等四个方面解读了推动芬兰国家设计政策变革的深层原因，指出芬兰新旧设计政策的变化与设计政策实践与研究的转型关系密切。

关键词：设计政策 设计研究 芬兰设计 设计发展

进入21世纪以来，随着设计在提升国家竞争力中的作用凸显，将设计纳入国家战略选择及政策组成已在全球范围成为共识。芬兰在新千年以来的国际设计政策发展图景中扮演了重要角色：芬兰在2000年第一版国家设计政策中将设计发展创造性地融入其国家创新系统，此举对此后国际上尤其是欧盟国家设计政策的实践、研究起到了示范效应。2013年芬兰又将其新版设计政策的功能及定位从"国家创新系统的重要组成部分"提升到了"组织社会创新"的驱动器，又一次在制度创新方面走到了国际前列。

1 芬兰国家设计政策的发展

1.1 芬兰旧国家设计政策：设计2005（2000年）

（1）背景

20世纪90年代，芬兰在国际上率先建立了国家创新体系并获得了空前的成功，这是芬兰政府制定设计政策的首要原因。芬兰发展设计的现实紧迫性，也是促使芬兰启动这项工作的重要动力：20世纪90年代初，设计在芬兰制造业和促进产品出口方面影响是非常有限的，"芬兰的出口产品主要是由水泵、造纸机器、五金产品及机器装备等重工业产品构成的，这些产品几乎都没有运用工业设计。"[1]因此，芬兰政府对借助政策之手推动设计发展以提高芬兰产品及服务的国际竞争力

予以厚望，设计政策的制定在20世纪90年代中后期就纳入国家议事日程。

（2）政策主要内容

"设计2005！"作为国际上较早从政府层面推动设计发展的政策纲要，它的"一个重要突破就是，它并不是单单从设计的文化维度来阐释设计，而是同时也从工业和经济的角度来分析设计"[2]，而"让工业设计成为国际竞争力的重要组成部分"则成为政策制定者重点考虑的内容。根据芬兰实际国情，芬兰政府通过芬兰国家技术创新基金（Tekes）对设计技术研究的资助、通过芬兰科学院对设计基础研究的资助等途径，强化政府对企业的设计研发活动的直接扶持。这些措施透露的政策主旨是期待以设计高校为代表的研究群体、设计公司以及利用设计的企业等三种群体集合到一起：目的是通过产生以研究为基础的新服务来复兴芬兰设计，并通过开发与设计有关的技术应用来扩大市场需求。此外该政策的重要目的之一是提高产业界的设计意识，特别是增加设计在中小企业中的应用。设计2005的政策执行框架图如图1所示。

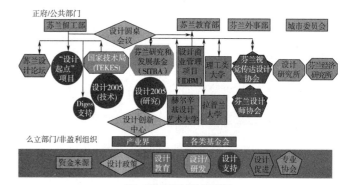

图1 设计2005政策执行框架图

（3）政策的成效与问题

"设计2005"的出台及实施取得极大的成功，不仅政府、企业的设计研发意识在其政策实施的4年里大大增强：每年芬兰在高科技产业的研发投资位居全欧洲首位，达到了其国民生产总值的3.5%[3]。而且芬兰20世纪90年代后期也催生出了诸如Nokia、Suunto、Metsopaper、Ponsse以及Polar这样在国际上具有极高品牌影响力的高新企业[4]。与

此同时，设计政策的实施也极大促进了芬兰设计教育和设计研究的发展，特别是阿尔托大学在设计教育和研究上以"设计、技术与商业全面结合"的办学模式及其丰硕成果在国际上享有很高的知名度。

但并非所有政策相关利益方都能从芬兰第一版设计政策实施中获益，特别是中小企业内设计力量薄弱、设计利用率低、国际竞争力弱的问题并未在政策执行中得到解决。芬兰设计公司普遍规模过小、缺乏有效合作的问题也没有获得根本性改善，这些问题的存在为此后新版设计政策的制定埋下了伏笔。

1.2 芬兰新国家设计政策：芬兰设计政策：战略与行动提案（2013年）

（1）政策背景

2013年芬兰政府正式颁布了芬兰新版国家设计政策：《芬兰设计政策：战略与行动提案》（Design Finland Programme：Proposals for Strategy and Actions），该政策的颁布有其深刻的社会背景及现实政治方面的需求。首先，在新世纪的第一个十年，全球经济发展格局发生了深刻的变革，芬兰国内亦面临城市化加速、人口老龄化和气候变暖等重大社会和可持续发展问题。其次，近年来设计领域内从设计的目标价值、内容范畴、研究范式到对社会生活的影响程度都发生了翻天覆地的变革，芬兰政府期待通过新版政策对上述问题及趋势做出积极应对。

（2）政策的主要目标与内容

新政策的主要目标是通过对设计力有效利用来改善芬兰的竞争力，芬兰设计中心网络作为新政策的核心部分由指导和执行两部分组成：芬兰就业和经济部和芬兰教育文化部通过经费投入加强对网络的指导，政策执行中网络内的相关利益人通过各自的专业知识支持政府指导机构的工作。政策促进者，特别是芬兰设计论坛、芬兰设计师协会和芬兰视觉传达设计协会等作为通过接受公共经费来主要负责政策的执行工作。芬兰设计中心网络结构如图2[5]。

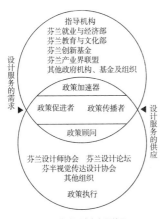

图2 芬兰设计中心网络图

政策制定者认为，尽管芬兰在促进设计发展方面拥有大量资源，整体设计发展也具有较高的水准，但现有的芬兰设计生态系统图3[6]运行效率并不很高，因此，在本次政策制定过程中，政策制定者与芬兰设计的利益相关人一起，对新政策战略目标进行了充分而广泛的讨论，并希望通过新版设计政策的制定，构建以芬兰设计中心网络（Finnish design center network）为中心，促进系统内各组成要素之间的交流互动的全新的、充满活力的动态设计生态系统图4[7]。

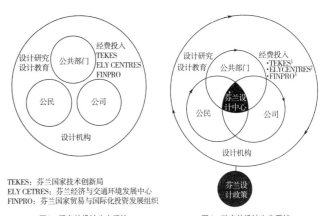

TEKES：芬兰国家技术创新局
ELY CETRES：芬兰经济与交通环境发展中心
FINPRO：芬兰国家贸易与国际化投资发展组织

图3 现有的设计生态系统　　图4 动态的设计生态系统

（3）新政策实施后的芬兰设计发展

近年来，得益于不断更新和完善的国家设计政策的支持，芬兰设计产业从整体上保持了强劲活力与国际竞争力。根据世界经济论坛颁布的《全球竞争力报告2014-2015》：芬兰在欧洲国家研发强度和竞争力排名位居第二、在全球创新能力排名第一[8]。在设计产业发展方面，截至2012年芬兰拥有7060家各类设计机构，设计产业从业人员22100人，设计产业产值达到了33.7亿欧元。芬兰企业对设计重要性大大提高，2013年芬兰企业设计应用率为31.1%[9]。

2 新旧芬兰国家设计政策的比较分析

（1）政策的研究逻辑：从系统失灵理论到设计思维

芬兰旧版国家设计政策的研究逻辑是基于系统失灵理论，该理论要求"政府在确保整个经济系统中众多参与者间的有效互动及政府在系统良好运转方面承担主要角色"[10]。系统失灵理论相较于政府直接干预产业政策的"市场失灵"（Market Failures）理论，它并不否认一个功能良好、充满活力的市场对于设计发展的重要性，但同时强调"设计作为知识转移器的作用，并确保设计在合作与竞争同在的系统中与系统各组成要素间产生良好互动"[11]。芬兰将设计政策纳入到国家创新系统中，其目的是通过对创新主体及其相互作用的系统性研究，为解决设计产业创新发展中的系统失灵问题寻找可供参考的途径。

2012年芬兰在其新版设计政策的制定中，在系统失灵理论的基础上融入了当今国际上在设计思维方法（A design thinking approach）的新成果，从社会公共利益和社会福利的视野来研究与设计相关的政策问题。这种转变反映了芬兰对设计问题认识的深化，即视角从单一的经济角度开始转向产业之外的更宽广的社会、生态系统视野。

（2）政策制定逻辑：从"设计政策作为经济竞争力手段"到"设计政策作为社会创新工具"

在芬兰旧版国家设计政策制定时，其政策目标是以挖掘设计在经济发展上的价值、提高本国制造业的国际竞争力作为政策制定逻辑。但芬兰新版设计政策制定时，其制定逻辑和价值取向已经发生转变：设计政策的制定逻辑从单一的经济效益的考核提升至环境、生态及全体社会成员共同福祉的整体考量。新版设计政策不仅表达了当前芬兰及欧洲所面临的三大挑战：竞争力、可持续和社会凝聚力，而且从更宽广的范围探讨了设计在未来的发展潜力。芬兰希望通过这次设计政策更新来有效应对挑战，并以生产的可持续性、包容性的产品和服务与创造更好的城市来提高芬兰的整体福利指数。芬兰新设计政策的制定逻辑如图5所示。

图5　芬兰新设计政策的制定逻辑

（3）政策制定主体：从教育部到贸易与就业部

在芬兰第一版设计政策制定时，芬兰国家教育部负责该项工作，芬兰贸易与工业部作为协作单位参与该项工作；但新版设计政策制定时，该项工作改由芬兰贸易与就业部负总责，教育部则降格为协作单位。政策制定主体的更换绝非偶然，它反映了近年来芬兰对政府教育部门和大学机构在国家创新系统中的角色功能的再定位。通过多年在国家创新系统的研究与实践，芬兰认为政府教育部门和大学机构不能成为产业设计能力的直接发生器或监护人，"设计并不通常始于学术观点或研究，而是多种因素或资源综合作用的结果，这包括用户、设计师、工程部门、市场部门等"[12]。因此芬兰认为在政策制定中仅听取

来自政府部门和大学的声音是远远不够的，应该直接听取来自设计政策相关利益人，特别是设计产业的利益诉求。这也就不难解释芬兰国家设计政策制定权从教育部移交到贸易与就业部的深层原因[13]。

（4）制定过程：从脱胎于专家报告到以用户为中心的社会创新

芬兰第一版设计政策主要以拜卡·高洛文玛为首的芬兰国家研究发展基金专家组撰写的《设计的优势报告I-II：设计、产业与国际竞争力》（1998年）和以拜卡·萨雷拉为首的芬兰国家工艺委员会和芬兰艺术设计委员会的研究报告（1999年），这两份报告成为日后芬兰第一版国家设计政策《设计2005！》的工作基础。通过政策专家委员会对政策进行研究和规划，其优点在于通过专家群体间的脑力激荡、研究、分析与对话，可以建立具有专业公信力的政策规划与预评估体系，这对于保证政策未来执行品质意义不言而喻；但在芬兰这样价值多元化的国家，单靠政策专家委员会来制定政策方案，可能会出现不能兼顾及反映不同社会团体利益和价值诉求的问题。因此在2012年初芬兰贸易与就业部就决定对政策制定进行改革：不再组建政策专家委员会，而是将此项工作以政府公共产品招标的形式面向全社会发布，鼓励公民及社会组织参与政策制定的竞标。

2012年4月27日，设计政策制定工作正式启动。以汉诺·凯霍宁为领导的芬兰创意设计公司（Finland Creadesign oy）最终在众多招标单位中最终胜出，负责新版国家设计政策的前期研究及政策起草工作（图6）。作为一家设计顾问公司，芬兰创意设计公司近年来设计思维方法，特别是以用户为中心的社会创新方法运用到了设计政策制定中。首先，运用参与式设计方法（participatory design）广泛邀请来自设计产业、设计促进组织、设计教育、艺术界、产业界、环保及政府的人士作为设计政策利益相关人，召开5次不同主题的设计政策工作坊。

OHJELMATYÖNAIKATAULUJÄLTÖ 2012
设计政策准备时间和工作 安排2012

Huhtikuu 四月	Toukokuu 五月	Kesäkuu 六月	Heinä kuu 七月	Elokuu 八月	Syyskuu 九月	Lokakuu 十月	Marraskuu 十一月	Joulukuu 十二月
4月27日工作启动	工作坊1：设计的当前状态时间：5、16 AM11地点：设计博物馆5.28专家指导组会议：设计的现状分析	23周,工作坊2方案研讨会：设计未来,机遇24周,专家指导组会议；工作坊3：战略推演24周或25周地点：赫尔辛基		34周,工作坊41/2战略推演35周,专家指导会议：战略,措施	35周,工作坊5实现芬兰5式的步骤地点：赫尔辛基	42周,专家指导会议草案演示专家指导组工作：田野调查	专家指导组工作：田野调查	51周,方案发布
	4.26专家指导组会议							

CRERDESIGN

图6　芬兰新版设计政策工作时间表

在政策制定前期，工作坊运用了SWTO分析法对芬兰设计发展现状、面临问题及未来机遇与挑战进行了研究，收集了大量材料，分析并提炼出了各方的政策诉求并传递给项目团队，作为下一阶段工作的核心依据（图7）。"透明性与包容性"是本次制定工作的指导方针，政策制定者认为"透明与包容在政策制定过程的具体体现，即意味着将整个项目进展情况实时向公众开放，并对公众意见进行积极反馈。"[14] 项目组在facebook、twitter等社交网站上建立在线互动平台，对诸如政策工作坊、政策指导专家会议等重要工作的进展情况进行实时发布，并在线接受、收集公众对政策制定的建议与诉求。项目组为将该项工作落实到位，还制定了详尽的《工作透明化流程》对此项工作加强管理（图8）。

图7 芬兰设计现状的SWTO分析工作坊

图8 政策制定工作透明化流程

其次，芬兰贸易与就业部通过成立政策指导专家小组（Design Finland steering group）来强化对该项工作的指导与管理。该小组由来自政府、相关产业、设计教育、设计组织等领域的22位专家组成。（图9）。在制定工作各阶段，政策项目团队都会在工作坊研究成果和社交平台公众反馈信息的基础上形成阶段工作草案，并将其提交给专家指导小组评议，然后根据专家小组的指导建议来完善和调整工作方案，以此推动整个政策制定项目的进展。

图9 政策负责人汉诺·凯霍宁（右7）与政策专家指导组成员合影

3 对国内设计政策研究的启示

通过以上研究，我们可以清晰地看到：国家意识形态支配下的设计政策与单纯经济利益考量的设计产业政策有很大的不同。从价值变化的角度来看，代表生产秩序演进的国家形态已将设计价值推向战略层面，其价值内涵已不再是纯粹的利润逻辑，而是在经济、社会、生态等多方面的综合考量，这也必然驱动政策研究与实践的变化与调整，并最终导致设计政策研究的转型：

（1）设计政策的研究逻辑从单一的服务于国家设计竞争力的提升到服务于全面的社会发展。

（2）设计政策的研究群体从以往的公共政策研究者、创新政策研究者及产业政策研究者向设计学领域的研究者转变。

（3）设计政策的研究立场或者研究目的从服务于政府决策到致力于建构设计学研究体系。

相较于芬兰设计政策的研究与实践，在政策实践上我国缺少国家层面的设计政策，在国家竞争力上还处于效益驱动的较低竞争层次。因此，芬兰在构建本国设计创新体系方面的正反经验，以及在设计驱动创新和经济变革方面的诸多举措，可以对我国当前正在进行的转变经济增长方式、加快工业领域的自主创新体系建设提供新的选择与路径，并为未来国家战略中纳入设计政策的可行性研究提供参考。在这层意义上，芬兰在设计政策方面的理论与实践值得长期观察和研究。

注释：

[1] Anna Valtonen, Redefining Industrial Design[M]. University of Art and Design Helsinki, 2007, pp. 89.

[2]、[3] Pekka Korvenmaa. Finnish Design a Concise History[M]. University of Art and Design Helsinki, 2014, pp. 313–316.

[4] Dahlman, C., Routti, J. & Yla–Antilla, P.（2006）Finland as a Knowledge Economy–Elements of Success & Lessons Learned, International Bank for Reconstruction & Development, USA, pp.87–89.

[5]、[6]、[7] Ministry of employment and the economy of Finland, Design Finland Programme–Proposal for Strategy and actions[S]Lahti: Markprint, 2013, pp.20–36.

[8] Klaus Schwab. The Global Competitiveness Report 2014 – 2015[R] Switzerland: World Economic Forum, 2014. pp. 180 –181.

[9] Ornamo. Report on the Finnish design sector and the sector's economic outlook 2013[R]. Helsinki. 2014. pp. 6.

[10] O'Rafferty, S., O'Connor, F. & Curtis, H.（2009）. The creativity gap?–bridging creativity, design and sustainable innovation. Proceedings of the Joint Actions on Climate Change Conference. Aalborg, Denmark.

[11] Teubal, M.（2002）. What is the systems perspective to Innovation and Technology Policy（ITP）and how can we apply it to developing and newly industrialized economies? Journal of Evolutionary Economics, 12（1/2）, pp. 233–257.

[12] Tether, Bruce. "The role of design in business performance." ESRC Centre for Research on Innovation and Competition, University of Manchester（2005）.

[13] 基于2015年11月29日本文作者与芬兰就业与贸易部部长顾问、企业与创新部高级官员Katri Lehtonen女士的访谈，其所在的企业与创新部是芬兰新设计政策的责任单位，具体负责政策招标、制定及实施等工作。

[14] Design Finland Programme Workshop, 4. 9. 2012.

陈朝杰

广东工业大学艺术与设计学院院长助理，设计学博士在读，副教授，硕士生导师。芬兰阿尔托大学艺术、设计与建筑学院访问学者。广东省机械工程学会工业设计分会副秘书长。先后承担和参与国家和省部级课题3项，作为主编、副主编出版著作4部，发表学术论文10余篇。现主要研究方向：设计政策与战略、可持续设计（D4S）研究、服务设计研究。

方海

工业设计、建筑与环境设计专业背景。CUMULUS国际艺术、设计、媒体院校联盟委员，广东工业大学"百人计划"特聘教授、博士生导师，现任艺术与设计学院院长。获芬兰狮子骑士团骑士勋章（Knight of Order of the Lion of Finland），芬兰总统特授勋章。

芬兰设计启示录

田 野

依托"设计与创意产业"重塑国家形象一直是老牌资本主义国家自第二次世界大战以来持续关注的议题，而在众多卓有成著的案例中芬兰无疑是一颗耀眼的新星。和那些把设计看作是"刺激商品经济"或是"品位高端艺术"的观点所不同的是，芬兰设计从始至终只关乎于芬兰人日常的生活，而通过设计促成这个国家一系列社会革新的深刻影响也广泛地引导大众参与其中。"人人都是设计师"并非是为它赢得"世界设计之都"称号的资本，更重要的是，全民都在当今这个将设计看作是"万灵丹"而为之癫狂的世界中保持一份宁静而致远的淡泊之心，视设计如呼吸一般的自然而然，在不知不觉的平和中融入这个民族每一次的心跳。

设计之于中国如何像芬兰这样恰到好处仍旧是一道未解的习题，故步自封和矫枉过正都不是中国设计应该有的态度，急速行驶的"列车"的确没有太多时间优雅地审视每一处"风景"，但不管怎样，"在路上"所体验到的一切都是我们值得保留的经验。因而，2013年8月广东工业大学艺术设计学院的暑期夏令营所提供的不仅仅是一次见证之旅，也是一段思辨之行，在近距离全方位地倾听芬兰设计的声音后，再来审视我们自身的问题，就能够通过打开更国际化的视野和全球性的思维找到一些更接近真理的答案。

1 一花一天堂——"芬兰风格"带给建筑的启示

在当地民众与自然之间的关系形成的过程中，有一个关键因素——"自由信步"的理念，简而言之，即在一定限度内，每个人都有权利进入到自然环境及其所赋予的一切中去。

——尤哈那·拉赫蒂/Juhana Lahti

1.1 与"风格"无关的"芬兰风格"

长久以来，芬兰设计在20世纪中期横空出世的成功都被认为是小国逆袭的北欧神话，它这种基于地域性既现代又传统的双重特征在当时现代主义建筑大行其道的年代独树一帜，形成富有鲜明设计个性的"斯堪的纳维亚风格"。人们常常将功绩归结于芬兰的两位设计先行者，正是由于他们的理念开创并积累了芬兰延续至今的设计财富。但是当年这些大师们所处的黄金时代，距今已有五十年，芬兰的建筑设计却仍然在如今喧嚣繁荣的市场中彰显出自己的价值并划出一块属于

芬兰风格的自留地，而他们凭借着属于这块土地的具有芬兰性格的建筑本质和形式的设计理念，不仅获得了芬兰人的拥护也赢得了世界的尊敬。

事实上，芬兰并不像中国拥有绵延不断的文明，可以从自身文化基因的层面上发展东方建筑形式，它最初也是在古典主义建筑的基础上融入折衷思想并逐渐形成本土的民族浪漫主义和功能主义的设计风格。芬兰对于民族浪漫主义思想的追求表现在一切的艺术领域，并最终形成了一个有机统一的文化核心，体现在萨里宁（ElielSaarinen）和阿尔托（Alvar Aalto）的建筑以及西贝柳斯（Sibelius）的音乐中，或者是卡雷拉（GallenKallela）的绘画和雷诺（EinoLeino）的诗歌上。乡土式艺术传承的远古神话和森林湖泊提供的精神感受，共同凝结出芬兰性格的内核。

图1 "千湖之国"芬兰典型的地理特征

芬兰人在维京时期的建筑形式其实与中国古代的干阑式木屋样式十分接近，只是自11世纪开始，在与瑞典、丹麦、诺夫哥罗德共和国（俄罗斯）的冲突中接触到了宗教，从而在13世纪时融入了中世纪的文化圈，形成了各式的宗教建筑。此后的几个世纪芬兰相继在瑞典和俄国的统治中撕裂了自身的文化传承直至1917年国家独立，长时期的文化交融使得芬兰在考证民族文化的时候不可避免地选择了开放的心态，认为任何一个时期被植入的文化都将是值得保留的芬兰基因。

1900年的巴黎国际博览会是芬兰建筑在世界上最重要的一次亮相，由本土三位设计师林德格朗（ArmasLindgren）、格斯柳斯

图2　圣尼古拉斯教堂（白教堂）

图3　木屋的局部

（Herman Gesellius）及萨里宁所设计的芬兰馆受到了极大的关注，民族的浪漫主义艺术得到了国际上的承认，激发出这个沙俄帝国西北边陲的小国日益觉醒的自尊心。获得独立后，大量的建造任务使得功能主义能够毫无阻力的成为官方典型形象的一部分，与欧洲大陆功能主义与古典主义争锋相对不同的是，正是因为有了乡土建筑的温和以及浪漫主义的基调，芬兰的古典主义得以在20世纪20年代严格的样式、教条和学院派死板的保守中解放出来，也因此，芬兰古典主义建筑师设计出的建筑因为有着丰富和强烈的古典主义背景而更好于同时期的其他追随者们。于是从19世纪的20年代起，芬兰以更加务实的态度看待功能主义运动，这一时期涌现出了阿尔瓦·阿尔托和埃里克·布鲁格曼（1891—1955）为代表的设计师，他们的设计在民族浪漫主义思想上结合本土的环境和使用者的需求努力营造出以理性、光和健康性三个要素为基础的自然风格。实践证明，精美的设计和对自然光线巧妙的利用，使得这些建筑成为芬兰功能主义建筑设计的杰出代表，同时，也为后来建筑设计思想的形成奠定了基础。

当功能主义在20世纪30年代后期尤其是第二次世界大战日益陷入到教条式的风格中时，芬兰建筑又一次踏上寻求自我的探索之路，它要做到的不仅是满足人们日常生活的需要，也要满足生产要求和艺术审美的双重标准。以阿尔托为代表的建筑师们开始认识到了预制生产与标准配件的危险性，他认为应该把预制生产与自然结构巧妙的简洁和多样化的无限可能性结合起来，把当时绝对理性化的功能主义加入浪漫主义和人情化的成分。他说"在地球上创造一个天堂是设计师的任务"，并认为："建筑最重要的基础永远是人与自然，建筑师的任务就是给予结构以生命"[①]。他充分利用芬兰盛产木材与铜的资源优势，在建筑的外部饰面和室内装饰上反映木材特征，铜则用于点缀以表现精致的细部。他在建筑环境、建筑形式与人的心理感受关系诸方面，开创了"人情化建筑"设计的先河，最终在不断的调整中完善了具有国际先进水平的设计思想体系。从而构成了芬兰建筑的典型特征：兼顾物质的舒适与精神的自由；凭借源于自然的设计材料与样式构建起心性同源的地域性；提供给社会健康环保且符合人体工程学理论的实用建筑。

可以说，在芬兰，设计改善一个人的品行，提升一个街区的气质，甚至是拯救一个国家的命运的故事每天都在不断交叉的上演。只不过，它的难能可贵恰恰就如同中国一句老话所说："润物细无声"，

图4　芬兰设计的源泉，阳光、空气、森林与水的交融(a)

图5　芬兰设计的源泉，阳光、空气、森林与水的交融(b)

图6　芬兰设计的源泉，阳光、空气、森林与水的交融(c)

图7　芬兰设计的源泉，阳光、空气、森林与水的交融(d)

图8　芬兰设计的源泉，阳光、空气、森林与水的交融(e)

它不像德国排山倒海般地掀起了现代主义建筑诞生的巨浪；也不如美国持续不断地在这个后现代社会里点燃建筑革新的欲望；甚至，也没有像意大利这样在建筑中融入歌剧般的华贵内涵。朴实的精致与深沉的关怀几乎渗透在它每一根血脉中，事实上，造就芬兰现代设计无与

图9　树皮上植物的肌理

图10　湖边的木质桑拿房

图13　桦树、湖泊、森林、桑拿屋、木头别墅，构成了芬兰人理想居住生活的环境(c)

图11　桦树、湖泊、森林、桑拿屋、木头别墅，构成了芬兰人理想居住生活的环境(a)

图14　桦树、湖泊、森林、桑拿屋、木头别墅，构成了芬兰人理想居住生活的环境(d)

图12　桦树、湖泊、森林、桑拿屋、木头别墅，构成了芬兰人理想居住生活的环境(b)

图15　中国的母体与标志建筑–选自《TIME》网站

伦比地位的真正大师从未离开过芬兰，因为它就是所有芬兰人脚下散发着清香孕育着遍地蓝莓和万物生机的泥土；也是眼前静谧婆娑的森林和泛起涟漪波光的湖泊；更是无时无刻在所有自然精灵之间窃窃耳语的清风。正是有了它们，芬兰的设计师们在拥有了无限的创作灵感

图16 雾霾天气下的天安门–选自《深圳晚报》网站

图17 低收入者居住地的消失–选自《南都周刊》网站

和设计激情的同时,还具备了一幅绝佳的任由他们挥洒才情的主题幕布,进而或沉静、或张扬、或纯净、或斑斓地演绎出温情脉脉的芬兰风格。也因此,在这个层面上来说,所谓的芬兰风格其实并不像我们习以为常理解的是某种建筑外在的表现形式,而是芬兰人看待和处理人与自然的一种思维方式和行为准则。正是因为有了这一理念,芬兰的建筑设计才能够不被外界风云际会的各种风潮所左右,专心研究解决这片土地上的居住问题,而建筑也不再是只供专业建筑师把玩的"阳春白雪",真正居住其中的大众才是决定建筑设计优秀与否的评论家。

1.2 中国"建筑风格"的"体"、"用"之辩

什么是"中国建筑",什么又是"中国的建筑"?似乎我们一直针对这一问题反反复复地在理论与实践中进行争论,尤其是至19世纪中期中国被迫打开国门到21世纪初的一次次关于传统与现代的碰撞。

第一次是作为统治中央的清政府从西方直接引进先进的军事技术与科学知识的洋务运动。这一时期内的建筑仍绝大部分遵循着关于传统木建筑及其构造式样的统一法式下由手工艺匠人进行建造的模式,从个人与社会到房间与城市的联系都严格遵从礼制对行为与形式的规定。即便是如此默契的延续传统建筑观念的过程中却也无法以承袭的方式处理诸如军事工厂等设施的功能需求。

第二次是康有为、梁启超等学者提出的以中国价值观和精神实质为核心的政治体制和政府组织结构的现代化改革。在这自第一次鸦片战争后的近半个世纪里,正当清政府为如何协调中式琉璃瓦顶和西方制造业工厂的格局以维护其正统地位而争论不休时,在通商口岸及外国租界内由西方建筑师建造的采用流行于本国折衷主义风格的建筑却俨然宣告了现代建筑已正式进入中国。

第三次是五四运动主张彻底改革中国传统的思考模式(体)转而完全包容西方的思想与现代化实践经验(用)。与前期主要是西方建筑师主持建造现代建筑不同的是,此时加入到他们的行列中建造新古典主义、现代主义风格的学院机构、工商企业大楼以及住宅建筑的还有留学海外归国后的中国建筑师们,几乎是受同一种教育模式的经历让双方建筑师都不约而同地偏向于西方式的建筑。但另一方面,也有在建筑设计中坚持"中学为体",只在必要时使它适应西方潮流的中外建筑师,他们的设计在保留了中国传统的曲面屋顶、中轴对称、色彩华丽等特征的方式上创造出了折衷主义中式建筑。

第四次是在国民政府以"礼、义、廉、耻"的传统价值观为行动指南的新生活运动(民族复兴运动)中又转向了以"体"为重的方向,它对传统自身牢固性与适宜性的认可在某种程度上又影响了现代化进程的推进。也许是出于巧合,当时活跃的建筑学考古在人们对中国建筑遗产的重新认识和价值评估中激发了民族自豪感,使精通建筑传统制式的建筑师们得以用更为挑剔的眼光审视折衷主义中式建筑,而国民政府兴建的官方建筑就反映了利用现代材料与平面布局方式体现传统建筑辉煌宏伟的特色。

最后,毛泽东提出了不同于以往四次或强调"传统"或重视"现代"的"体用二元论"的新的主张,把中国传统与西方现代文化并置于可以通过辩证思考的方式取得为社会主义文化服务的基础上,由此

以"一元论"消除或模糊了原本存在于"体用"之间的差别和界线，将社会本体行为与文化特征统一起来。由这种思想指导而产生的"社会主义内容和民族形式"的建筑理论，一方面推动了以现代建造材料与手段辅以大屋顶等中式装饰纹样的传统民族形式的复兴。虽然它在建筑形制上与早期民族主义者的建筑并没有明显的不同，但在关于此类建筑所有权的问题上它却是广大劳动群众爱国精神以及人民当家作主的象征。另一方面为适应国民经济发展而对耗费资金的豪华中式建筑的理性反思也重新确认了标准化体系、批量生产和系统化建造的工业化建筑体系。至此，根据实际情况出发而制定的"适用、经济和在可能条件下的美观"原则成为了建筑创作新的标准，现代建筑也因为更适合在最短的时间内用最少的资金大规模缓解居民住房需求压力而得以确立。

需要补充的是，20世纪80年代李泽厚提出了"体用"不分离的"西体中用"观点，认为："'西体'就是现代化，它是社会存在的本体。它虽然来自西方，却是全人类和整个世界发展的共同方向。所谓'中用'，就是说这个现代化进程仍然必须通过结合中国的实际才能真正实现。"因此，从这个层面上来说，"体用"的融合就得以在正视当代的社会经济状况并据此通过面向未来的全球思维，把发源于西方但并不专属于西方的现代化成功地植入中国血统的基础上，或者是把现代化看作是相对于未来中国而言从现在就开始建立的传统，而普遍意义上的中国传统则是在全球现代化进程趋向被同化的现象中保持自己特性以及借德里达（Derrida）所言"限制错误想法和在浮躁年代以追求现代性为目标的疯狂行为"[②]的中流砥柱。

然而理论的可行性并非自然而然地就会贯穿到中国几十年来的建筑实践，国民经济恢复（1949—1952）与第一个五年计划（1953—1957）时期由于"政治正确"的"一边倒"，使得苏联专家带来的建筑思想戏剧性地改变了中国建筑设计的方向，探索具有"社会主义的内容、民族形式"（以砖石和钢筋混凝土结构为技术手段，再在其顶部加上由钢或木结构制作的"大屋顶"）以及运用"社会主义现实主义创作方法"（核心是文学作品具有党性、真实地反映生活，实质是建筑寻求古典主义）的建筑成了所有从事建筑活动相关工作者的头等大事，向苏联专家学习既是国家政策也是政治任务。此时中国的现代主义开始脱离之前那种以社会背景与市场准则为基础的自然发展过程。

或许这类历史在芬兰建筑师看来是如此的不可思议，但现实就是如此，如今的我们在很多时候仍然还不清楚中国的环境需要什么样的

图19　悠闲的商业氛围

图20　等候进餐的人们

图18　中国传统建筑

图21 街边的聚餐

图22 露天创意市集

建筑，中国的百姓需要什么样的建筑。比如当前城市化加速阶段我们所面临的极为迫切的低收入者廉价房问题，在经过奥运、世博所提供的实验建筑展示平台的刺激下，本来作为标志性建筑的设计思想却被大量地用在了各类民用建筑中，致使建筑成为全民乃至政府层面资本运作的工具。如果没有踏实地从一户居民的居住需要着手研究设计的耐心，如果不是真正地在绿色设计层面改善与维护我们的居住环境，

不论是传承中国传统建筑还是探求现代建筑的新方案，在它可以做到任何一种引以为傲的极致的同时却仍然仅仅是一座建筑，而并非是承载了实现所有国民"中国梦"的中国建筑。

2 "为日常的美"—芬兰设计价值观的启示

"几十年来，设计在推动赫尔辛基成为一座开放的城市方面，起着关键作用，赫尔辛基一直致力于通过设计创新，解决其居民的需求。"

——国际工业协会在赫尔辛基当选"世界设计之都"的
理由中写道

2.1 消费社会语境中"诺基亚"手机的转向

曾几何时，诺基亚手机因其优异的品牌质量占据全世界移动通信设备的龙头地位，但现在的情况是，芬兰外交部官员也不能免俗地成为"果粉"，他们中大多拥有两部手机，一部诺基亚用来接待外宾、参加外事活动，而私下里则使用iPhone。在苹果的攻势下，诺基亚在芬兰本土的市场份额已大幅下降。在相当长的时间里诺基亚的品牌策略一直拒绝"设计"，它所追求的是制造出质量一流、性价比较高的方正的直板机，反观苹果公司的策略则是在几年的时间内不断地更新换代，甚至是在技术没能有所突破的情况下选择改变机身色彩的策略。残酷的市场需求迫使诺基亚不得不做出适应消费者喜好的改变，不再强调曾经秉承的"性能至上"原则，而是全力向大众传达最新款智能机"极富设计感"的"人性化"外观以及堪比相机的拍照功能。

事实上，苹果并不是第一个人为的使产品在某些方面更新换代而扩大市场占有率的公司，20世纪50年代在美国出现的消费高潮刺激了商业性设计的发展。在商品经济规律的支配下，现代主义的信条"形式追随功能"被"设计追随销售"所取代。美国商业性设计的核心就是"有计划的商品废止制"，即通过人为的方式使产品在较短时间内失效，从而迫使消费者不断地购买新产品。这一设计制度借助完善或增加附加在新产品中的功能而使得前代产品相对老化的"功能型废止"；迎合消费者的各种审美趣味而经常性地推出流行款式使得消费者为追求时尚而不断购买新产品的"合意型废止"；以及预先限定产品的使用寿命使其在一段时间后便不能使用的"质量型废止"。不论这一设计理念的形式如何改变，它的最终目的只有一个字：买！

诺基亚手机臣服于市场的转变又一次验证了"潘多拉盒"的效应，在如今消费社会的语境中，"有计划的废止制度"和"样式设计追随市场"的观念虽然一直遭到理论界的批判，但它仍然根植在了绝大部分产品设计中，因为生产与消费之间的从属关系有了微妙的转变，生产作为社会经济主导的地位逐渐被以消费拉动生产的话语权所取代，生产什么完全依从于消费指向。于是在这种生产相对过剩的丰裕社会里，一方面，生产者在与同类激烈的竞争关系中为获取资本的积累必须扩大其产品的市场占有率，传统意义上仅凭借产品优良功能属性即

图23　消费社会中商品价值观的异化(*a*)

图24　消费社会中商品价值观的异化(*b*)

图25　消费社会中商品价值观的异化(*c*)

可获得市场好评的原则已不再适用，生产者必须转而通过将其产品的"所指"属性无限放大的差异化营销策略，并借助各种渠道最大化地引导、刺激消费者的消费欲望，来告知和提醒消费者或许他们自己都并没有意识到的某种"需求"。另一方面，根据美国人本主义心理学家亚伯拉罕·马斯洛（Abraham Maslom）心理需求层次的理论，一旦人们基本的生存需求满足后会自然上升到更高的需求层次，而在个人和社会影响下不断膨胀的欲望及不满足感会迫使人们逐渐开始根据他们所占有物品的数量多少来获得短暂的心理安慰。消费者借助消费商品被赋予的符号价值、文化精神特性和形象价值以给生产者市场回馈的同时完成自我认同、社会认同的心理过程。于是永无止境的消费成为证明个体是否存在与成功的唯一标准，"买，就对了"（Just buy it）成为人们的口头禅，"我消费故我在"（Spending becomes me）则转型为人们彰显个性的座右铭。而这也正是在手机背面设计出巨大苹果标志的iPhone在国内成为"街机"的原因，对于花了大价钱购买苹果手机的消费者而言，使用的是否是iPhone并不重要，关键是让别人看到他正在使用。也恰恰是为了迎合这一心理，国内生产的iPhone后盖正好用一个圆形缺口适时地表露出了苹果的标志。

正如法国社会学家让·鲍德里亚（Jean Baudrillard）在《消费社会》的所言："今天在我们的周围，存在着一种由不断增长的物、服务和物质财富所构成的惊人的消费和丰盛现象。它构成了人类自然环境中的一种根本变化。……消费者不是对具体的物的功用或使用价值有所需求，他们实际上是对商品所赋予的意义（及意义的差异）有所需求。"③ 消费社会的本质就在于，消费已不再是生产社会里为了生存而被动接受的需要模式（Need），而是成为一种主动的想要达成多方愿望的欲求模式（Want），在这种模式引导下的过度消费就像流行性感冒一样将"物欲症"（Affluenza）这种病毒传染给每个生活在物质主义社会中的人，致使他们疯狂地占有其实并不会满足他们欲求多久的物品，而如今这种模式也还在被有意或无意地放量传播着，直至蔓延到任何一个"现代文明"所能企及的角落。因此，在这个层面上来说，芬兰设计中所倡导的为日常生活设计的朴素价值观将是对这一趋势有意义的引导。

2.2　非情感的"情感化设计"

如果"有计划的废止制"仅从字面上就能对其百般抨击，那么美国认知心理学家唐纳德·诺曼（Donald Norman）在其著作《情感化设计》（Emotional Design）中所提出的"情感化设计"理念就显得温婉也隐蔽了许多。在《情感化设计》的序言里，唐纳德以三个茶壶为例说明有情感的产品是如何吸引消费者购买与"使用"的，但这些要么是茶壶嘴与茶壶柄处于同一边、底部用蜡烛加热，要么是可以根据泡茶的几个不同阶段而调整角度的茶壶，其实都中看不中用。就连作者自己也说："这些茶壶中哪一个是我经常用的呢？答案是，一个也不常用"④。为了效率他还是使用电热水壶泡茶，而它们只是窗台上的摆设而已。于是，仅为了满足泡茶这一种功能的需求他至少拥有四个茶壶，前三个仅仅是满足了他心理上的需求或者说是某种欲望，而第四个才是真正为用而用。不仅如此，唐纳德还详细分析了作为优秀情感化设计产品而闻名于世的"Juicy Salif"（Philippe Starck）。尽管在他看来，这个榨汁机"提供意外的惊喜"，且"支持个人目标的价值或者联系"，还"引导不经意的观察者去发现有关压榨橘汁过程的更深刻的东西"，但他却几乎没有使用过它，因为产品说明书上标明"如果榨汁机与任何酸性物体接触，镀金都可能受到破坏"，可发人深省的是，他并没有因此觉得这个榨汁机是多么的无用，反而认为："我购买了一个昂贵的榨汁机，但是还不允许我使用它榨果汁！在行为水平的设计上得了零分。但这又有什么大不了的？在我的门廊里我自豪地展出这个榨汁器。"⑤不难想象，进行"炫耀式消费"的唐纳德为了喝到橘汁一定是又重新购买一台真正用来榨汁的榨汁机。

实际上，不论是"有计划的废止制"还是唐纳德观点中的"情感化设计"，他们都试图通过赋予产品能够唤醒进而满足消费者心理需求的附加价值来提升销售额。然而，这种片面考虑和理解"以人为本"含义的设计虽然满足了"好的设计"标准，但却忽视了一个更为隐性的严峻现实：生态环境与自然资源无法继续承受人们在消费社会里大量占有仅注重产品的观赏价值与象征意义而不是实用与功能价值产品的消费文化观，表面看似"以人为本"的产品会因其某方面的无用和某方面的过于有用而造成过量的资源获取与废物输出，最终对环境与

图27　大量消费并不等同于繁荣

图28　IITTALA为日常生活设计的产品(a)

资源的损耗是以整个人类的生存作为代价，这些"只有销售和使用某种产品的人才能获取它带来的利益，可承担风险的却往往是全人类"（John Graaf）的行为严重违背了可持续发展的理念。

2.3　IITTALA的选择

如果向芬兰人咨询什么产品能够同时满足造型美观、功能需求，具备对环境伦理和消费伦理的引导责任，并且有着持续品牌吸引力，甚至，它能作为一个国家形象的象征，他们的回答一定不会缺少IITTALA。就像芬兰人常说的：先看到Iittala的杯子，才喝水。这个有着一百多年历史的玻璃器皿品牌长久以来的设计哲学是产品应该始终

图26　好看但并不实用的外星人榨汁机

图29　IITTALA为日常生活设计的产品(b)

图30　IITTALA为日常生活设计的产品(c)

图31　IITTALA为日常生活设计的产品(d)

图32　IITTALA日常生活设计的产品(e)

图33　IITTALA为日常生活设计的产品(f)

耐用、好用并且为人所珍视，简洁的线条使人们易于搭配，每一个餐具都可以依个人需要有多功能用途，看似简单的餐具，伴随着的是日常生活无尽的可能性。Iittala凭借设计持久耐用的产品来对抗丢弃主义，它的产品不刻意为了市场占有率而迎合消费主义的欲望，而是相信人们在生活中能够有意识地选择那些能够长久保持设计及功能的产品，进而引导消费者拒绝购买那些注定要扔进垃圾桶里的短期产品。但要做到这一点并不容易，尤其是在消费社会中丰量产品的输出极大地降低了品牌忠诚度，拿什么确保消费者忠于自己的产品而且还能灌输些道理。Iittala凭借的是使用世界上最好的材质，确保自己的产品是国际上最先进安全的无铅水晶玻璃和公认的高品质瓷。它所有的玻璃制品都运用一种叫"I-crystall"的无铅水晶玻璃，这种材料密度与反射度具有与水晶一样完美的光源反射性，但却没有一般水晶玻璃所含的铅成分，在这个层面上来说Iittala从看不到的进步入手提升产品的使用安全才是对人性真正意义上的情感化关照。

"设计的定义应该更复杂些，而不仅仅是其物理外观，因为设计同时包括可用性、同能性，还有接触物件的过程。比起斯堪的纳维亚设计以美学为基础的部分，整体地理解设计才是更重要的。事实上，我们芬兰所有最宝贵的设计财产是我们不设计奢侈品或用一些很稀有的东西；而是我们日常生活的一部分。设计在芬兰的意义从来就是让每天的生活变得更好以及更有用。"

——MIKKO KAL

"芬兰设计概念的核心：完整而系统地改进社会的思维……优良设计在芬兰社会及日常生活中无所不在——从最微小的细节到完整的结构以及重要设计的态度——深刻地提升了人类生活的价值、商业、经济以及社会。我们可以从芬兰设计的遗产中获益很多，这些遗产总是适用的，甚至在未来会变得更加闪耀。举个例子，传统关注于找寻有效利用资源并跟随日常生活法则的耐久的解决方案；又如Kaj Frank提出：'反对扔掉主义！'这就像是年轻叛逆一代的芬兰设计师在教堂里宣誓；还有Alvar Aalto的基本观点——无论如何时髦，设计不改对满足人类需求及品质生活的专注，这在未来也是同样适用的。这些案例是先进性、热情与实用主义的结合，是芬兰给予世界与北欧设计界的独特资产。"

———ANDEAS

3 城不在大，徒步则行—芬兰小城规划的启示

"像芬兰这样一个小国的那些主要形成于20世纪的现代化的城市肌理又如何能为中国那些特别由古老建筑所反映出的历史性肌理提供某种模式？历史让中国如此沉重！……但是，今天的环境挑战着中国的历史与文化，现代化与全球化威胁着历史和地域性，这些因素必定为非凡事务的产生提供可能。"

———罗杰·康纳/RogerConnah

3.1 城市中的乡村？还是乡村中的城市？

如果天然的认为最发达国家的首都一定有着"大都市"般的车水马龙与光怪陆离，那么即使在最繁华的赫尔辛基商业市中心放眼望去，也没能寻觅出丝毫气势磅礴震慑人心的架势。相反的，那最新款却仍然质朴可爱的绿皮有轨电车，随老街路面上下起伏纵横交错的电车轨道，将湛蓝天空划出有如立体派绘画的电缆，跳跳闹闹闲逸自由在周围活动的鸽子，诸如此类的场景组合或许和想象中的现代化颇有差距，但在赫尔辛基的城市氛围中，却给人以古典的庄重及童话世界田园般的梦幻感觉。而在当下的中国，不论是否是一线城市或省会，城市正以越来越接近"曼哈顿"的趋势为发展目标。就业、住房、交通、户籍、医疗、教育、治安、环境等一系列难题如"紧箍咒"般困扰城市居民。"逃离北上广"后所回到的也恰恰是向着"北上广"看齐的中小城市。

城市到底是什么？它需要负载何种需求？如果只是将它看作人类社会物质财富与精神财富生产、积累和传播的中心，那么它绝不会只有一条发展路径。事实上，城市已不仅仅是一种被创造出的自然复合体，正因为它作为媒介链接了人与自然，所以也就成为协调自古以来人与自然之间对立统一矛盾问题的核心平台。不仅如此，城市也从各个方面反映着作为创造与建设它的主体人类自身之间的关系。而在人类发展的历程中，城市的角色也发生着本质的变化。19世纪以前的世界，生产力的状况决定了人相对于自然处于劣势地位的处境，由"挖地为穴、筑树为巢"开始的一切营造活动中，人类只能依赖改变天然材料的地理位置、表面或内部形态的方法搭建起自建筑物，因此，一定程度上说这一时期的城市有效地平衡着人与自然、人类社会之间的各种问题。然而随之而来的工业革命，在生产力实现飞跃的基础上打破了原有的平衡，各项发明创造在社会生产中广泛的运用，人类世界自此开始加速进行社会结构和生活方式全新变革的步伐，"城市病"问题终于在这种飞速发展的年代被激发。古代农耕文明与现代工业文明最

图34 芬兰的城市幕布与"母体建筑"(*a*)

图35 芬兰的城市幕布与"母体建筑"(*b*)

大的分界就在于城市的诞生与扩张，然而这并非意味着，居住的形态以城市这种载体体现就天然的比农耕时期的村寨要好，城市如何宜居，这也许才是城市规划决策者和生活其中的老百姓共同的焦点。

3.2 城市规划理论

一个合理高效的城市规划不仅可以避免城市因缺乏引导而致畸形发展，更重要的是城市在建设时通过把这种理想中的规划理论运用到实践中以总结出一套可供城市未来可持续发展的经验。针对因社会的发展处于不同层次上而造成的城市问题都有着形式各异的理论与实践的研究。出现了诸如根据城市内部不同功能进行块状划分的"工业城市"；取消市中心的传统布局依据公共设施集中在主干道长度无限衍伸自然发展的"带状城市"等。但整体上从协调与解决人与自然的矛盾层面来说，由英国社会活动家爱比尼泽·霍华德（Ebenzer Howard）于1898年提出的"花园城市"规划思想更能在实践的检验中为日后的城市发展提供参照。在他的理论中，把城市功能区按照环状排布通过放射性通衢大道进行连接的根本目的是要控制城市规模向自然无限制的发展，而城市外围严格保持田园状态的规定则是要保证这些城市群都能建立在大自然中。

即便是以新世纪的城市发展需求看待"花园城市"对利用自然的态度也颇具有价值，但事实是20世纪世界城市的发展大部分因为受"国际主义"及勒·柯布西耶（Le Corbusier）于1922年在《明日的城

市》中所主张的"现代城市规划"方案的影响,而采取了忽视城市历史文化的基础上普遍利用新技术建造高层,清理拆迁出城市旧有的格局以释放出空地使城市能够向集中式发展的做法。如此种种的"现代城市的规划"一方面人为地割断了城市的传统;另一方面高密度的布局致使中心区开始衰落,形成所谓腐烂的中心。于是在20世纪后半叶的"后现代主义"中针对前一方面的问题,就有柯林•罗威(Colin Rowe)和沃尔夫冈•科勒(Wolfgang Koeller)提出的"拼合式城市",认为城市应该按照不同的功能拼合起来,而不是人为的分开。经过托马斯•舒玛什(Thomas Schumarcher)的总结形成了"文脉主义"理论,其中心思想是把城市中已经存在的无论什么样内容的建筑都尽量设法使之融入城市整体中去,成为城市的有机内涵之一。

萨里宁在吸取了前期及同时代的城市规划理论和实践的基础上提出了基于生物和人体认知来研究城市的"有机疏散"理论。认为城市是由许多"细胞"组成,交通主干道是动脉、静脉,街区内道路是毛细血管,而城市的不同功能区则是有机体的不同器官。细胞之间有间隙,有机体通过不断地细胞繁殖而逐步生长。而城市混乱、拥挤、恶化仅是城市机体运行的不合理,应该从重组城市功能入手,实行城市的有机疏散,才可能实现城市健康、持续生长,保持城市的活力。虽然1960年代以后,有许多学者开始对"有机疏散"这种将其他学科的规律套用到城市规划中的简单做法提出了质疑,而且作为他"有机疏散"理论实验场之一的赫尔辛基在后来的城市规划中也并没有完全实践他的理论,但这种关注大城市过分膨胀所带来的各种弊病的城市分散发展理论却仍然对当今中国的城市规划具有参考意义。⑥

3.3 赫尔辛基的"小城大用"

某种意义上,越是社会政治经济文化迈向发达的国家其城市与乡村之间的差异化就越小,往往城市所具备的高度现代化生活组织形式在乡村不一定有存在的价值,但一切与诗意栖居的基本生活必备条件乡村也绝不会有所欠缺,同样的,乡村所拥有的无可替代的原初生态景观或许在城市寸土寸金的地段中缺失了纯天然的品性,但越来越多的城市中心地带开始开辟出专属领地让荒草与树林生根发芽,似乎终于城市与乡村的隔阂渐渐被模糊,城市与乡村的生活状态有了共存的交点。一个真正适合居住的城市应该是能够在人步行所能及的范围内解决所有重大的事务,一个"转身的距离"所代表的不仅仅是城市尊重居民的态度,也是这个城市在开始累积自身发展内在规律的同时可以始终不被未来一系列不可预知的偶然事件所影响,甚至是在根本性的改变之时不至于丧失了"宜居"的属性。虽然赫尔辛基并不像纽约或是东京被认为是国际化的超级大都市,但其60万人口就已经占据了全国人口的十分之一,加上埃斯波、万塔、考尼艾南四个城市一起组成的首都区,"大赫尔辛基"人口已有100多万,对芬兰来说,全国人口的大部分都集中居住在此,城市化问题同样也是他们不得不妥善解

图36　并不追求宏大的首都规划(a)

图37　并不追求宏大的首都规划(b)

决的议题。

"卡拉萨塔玛"项目是赫尔辛基正在进行的一个区域改造,负责人向芬兰人提出了这样一个问题:未来的城市是什么样?居住在未来城市里的美好生活是什么样?而这一项目的最终目的就是为人设计而不是为机动车辆而建的真正城市。甚至他们提出一个更为大胆的创新方案,通过每户居民家门口的气压运送系统将分类垃圾集中送往垃圾地下收集中心点,从而可以取消垃圾清理车。在这一理念下,更多的方案将融入到这片区域规划之中,包括一个可以让儿童滑雪的生活乐园区,让低收入者可接受的住房,以低碳、能效为主题的生态措施等。⑦

应该说,赫尔辛基城市规划并没有盲目贪求以新增土地来完成城市化进程,而是在已有的范围内合理地组织起满足生活的各项元素。城市

图38 并不追求宏大的首都规划(c)

图41 自然–人–城市之间的人性化互动(a)

图39 并不追求宏大的首都规划(d)

图42 自然–人–城市之间的人性化互动(b)

图40 并不追求宏大的首都规划(e)

使用空间的增容其实完全可以"以小见大",只有在"小而美"的规划思维下才能敏锐地发现曾经没有关注到的解决方案。根据数据统计,城市化进程加速时期的中国,人口数量超过100万的城市就有160多个,2012年超过50%的中国人居住在城市中,而2030年这一比率将会上升到70%,这也意味着,未来20年内将会产生数以百万计的新增城市居民,相当于将欧洲所有人口完全转移到一个全新的居住地。[8]不论数据的统计是否真正准确,但我们周遭所发生的巨大改变却有目共睹,大而化之的城市或许可以容纳更多的城市居民,但却容不下每一颗渴望诗意栖居的心。

4　从现在开始播下设计的种子

"阿尔瓦·阿尔托也好，艾洛·阿尼奥也好，约里奥·库卡波罗也好，他们是他们，他们已经做出了他们的设计，而我们做我自己的设计。"

——米可·派卡宁/Mikko Pekanen

4.1　如果……威尼斯还会消失吗？

无论依照何种标准细数当今世界上的设计大国，意大利从古至今都将毫无悬念的名列榜单之中，但现在的问题是面对威尼斯越来越成为真正意义上的"水城"时，辉煌的意大利设计能否再次发挥魔力让它不至于成为水下之城呢？

自20世纪初期意大利诞生了开启世界现代建筑前卫思潮的未来主义建筑运动之后，也许是为承袭维特鲁威（Vitruvius）古典精神的考虑以至于让意大利人甘愿城市风貌全面退回到《建筑十书》的规则之中，即使是如今拥有诸如引领世界时尚潮流走向的米兰时装周、聚集全球设计先锋理念的威尼斯艺术双年展和建筑双年展这样在艺术与设计领域旗舰般的盛典，也没能说服他们将这些凝聚着现代思维的设计理念运用到城市建设中，因为在他们心中世上最完美的城市规划与建筑形式已经在过去完成了。但即便是这样，一个迫不得已似乎也并不能两全其美的选择正考验着这个曾经的世界金融中心和《威尼斯宪章》（The Venice Charter）的诞生地。

图43　面临严重水患的威尼斯

纵然在多姆斯当代艺术板块主编佛朗西斯科·波纳密（Francesco Bonami）眼中有着特殊城市形态的古老水城威尼斯虽然无法避免城市盛衰起伏的永恒主题，但相比那些"崩溃起来迅速而决绝"以及"在微幅增长和扩张之后停滞不前只能维持些许魅丽"的城市，此时处于衰败期的威尼斯却比它全盛期更吸引世人的想象，它越老活得越精彩

而"越是坠落得接近水面越生机勃勃"，它"丰富的后期生命积淀"已经让它"变得更为独特……从而成为一种特殊的城市案例"。只是在无尽的荣耀中波纳密也不无担忧地认为威尼斯的与众不同正是得益于它一直以来都成功地抵御着现代化及其最实际的表现形式，但它现在遭遇的严重威胁是：一方面阻止不了因无力支付老宅高额维护费用和生活成本而举家搬迁的原住民以致于让古城出现越来越严重的空心化现象；另一方面却是来自世界的"新兴中产阶层正以爆炸性的热情渴望着将具有新经济实力的威尼斯塑造成他们的目的地，一个终极乐园"。⑨

对威尼斯而言抉择两难的困境是现实存在的情况迫使它不得不做出某种反应，但无论它将来是作何种选择都不可避免地会承受因为选择一方而牺牲另一方的尴尬，它得以出众的优势却也正是它在世界不断向现代化发展潮流中致命的劣势，以平衡双方的态度缓解或者修正这个劣势的方法已然又在本质上削弱了它纯正的优势，而这所有的困境都来源于长久以来一直固守一个极端的状态已经在客观存在的外部不断施加的压力面前表现得越来越难以为继的时候缺乏能够主动调节压力的机制和思想准备。当自身内部出现的尚可以勉强持续保持原状运作的瑕疵在被仍旧是作为引以为傲的特征的观念掩盖时，除非城市采用并不可能被真正实施的继续通过更为严格的强制手段抵御来自外部任何轻微震荡的举措，否则这小小的波动都将在引发某个瑕疵"多米诺骨"效应般无限扩大的过程中被"时间"这个最后一根稻草压垮。

4.2　设计，之于芬兰的未来

相较于威尼斯，芬兰设计的基因其实早已经融入到了这个国家的DNA。虽然2012年芬兰获得了"世界设计之都"称号，但这并不意味着从此芬兰的设计就可以像其他一些国家那样成为标榜精英文化的工具。淡泊、悄然的设计就和它在宣传片中演绎的那样，在从日出到日落平凡市民生活的一些零碎的场景里，小贩在码头集市上修剪蔬菜、看看手表后一跃入水嬉戏的孩童、温馨快乐的聚餐等，在这一系列普通的场景中才会恍然发现那些一直呈现在教科书上大师们和新锐设计师的知名作品只是芬兰人最习以为常的生活用品。而这也就恰如其分地印证了2012赫尔辛基世界设计之都的口号——"开放的赫尔辛基：将设计融入生活"。在这个层面上，设计可以是任何一件小事情，每一个人都生活并参与其中，这也是为什么赫尔辛基WDC组委会不断举办讲座、论坛，请市民为促进城市的发展出谋划策，在这种开放的氛围中，青少年们在滑板公园以使用者的角度写下了对公园未来设计的期望，甚至画出了他们心目中各式各样坑道与滑道的具体形状；上班族讨论如何使朝九晚五的办公环境变得更亲和；还有市民提出开辟城市菜园的想法，数百场次的讨论会和各种头脑风暴活动分别在赫尔辛基、埃斯堡、万塔等首都地区城市中一起举行，参与者除了社会中坚者，还有懵懂幼童，嘻哈少年以及耄耋老人，各行各业不同年龄的人境，更重要的是管理者也能从中学习如何让设计更好地服务大众。

而就在类似的开放性参与项目不断进行时，也引发了众人关于"开放的结果"的讨论——这是否只是设计年中热闹的昙花一现？事实上，邀请普通市民广泛参与设计并不是为了"世界设计之都"而做出的姿态。早在2007年，约一百位年龄在三至十八岁的学童参与到赫尔辛基南部一个被称为"豌豆岛"（Hernesaari）的新区规划，其实他们究竟能够提出什么样的规划意见已不重要，关键是这样的经历让这些孩子在感受到大人们对他们强烈的信任与尊重的时候也能激发他们从现在起就关心周边每一栋建筑、每一条街道变化的主人翁意识，从观察与思考这片区域的历史和制定与完善现在的布局中积累起对未来具备更成熟思维的经验，在他们将来无论是从事何种职业的时候都能够以业余规划师和建筑师的态度与热情参与到赫尔辛基真正意义上以人为本和不断成长的城市建设中。当然，专业化的设计培训同样在赫尔辛基被高度重视，参与到具体的实践项目更是官方交予给这些设计类学生

图44 简单的小店，但设计无处不在(a)

图45 简单的小店，但设计无处不在(b)

图47 每一座芬兰建筑都是一片森林(d)

图46 每一座芬兰建筑都是一片森林(c)

图48 每一座芬兰建筑都是一片森林(e)

们聚在一起讨论周围的事情，而唯一目的就是为了促进城市各方面的发展。也正是在这种优势的抚育下，数据统计显示赫尔辛基城区每四个人中就有一个从事诸如图像设计、室内装饰、产品与时尚设计等与设计相关的职业。这些努力不仅能培养市民人人参与设计的良好环

图49 每一座芬兰建筑都是一片森林(ʃ)

们一份难得的礼物，组成2012设计之都重要部分之一的"365福祉"项目由阿尔托大学设计研究院承担，产学研结合的背景使得接受了交叉学科等专业教育与训练的学生们，将通过差异化的设计思维与各自的专业背景来探讨问题，并用融会贯通的设计方法解决问题。通过在学期间就参与到实际项目并能有机会在毕业后也能持续工作的契机，设计对于芬兰的学生们而言并不只是一门专业，而是融入社会创造价值实现自我的人生路径，而且，自己的作品能够在设计博物馆被展出并交给公众评价，对他们而言将是实现设计为人服务的最佳渠道，或许，下一代芬兰国宝级设计大师就将诞生于其中。在这个任何大门都向优秀的创意打开的城市，有理由相信，设计之都的芬兰不仅是创造了一年的壮观场面，而是为将来播下让生活更美好的种子。

"芬兰设计需要特别关注的不是因为其漂亮的外表，而是其一系列的地位、价值以及指导哲学。必要主义和进取思想的独特结合是芬兰设计可以在今天和未来为世界增加关键价值的基础……设计被整合到芬兰生活的方方面面，且设计是如此深地被用以塑造芬兰的创新。它涵盖了设计的所有可能的重要方面：'日常生活'，'人类健康'、'绿色

未来'、'流程研究'、'未来数码'和'产业革新'。"

——《芬兰设计思想》

5 后记

短短的夏令营之旅难以细致入微地品味芬兰设计全部的内涵，更何况它最深的奥义就是不经意的设计，不张扬不炫耀的设计点化或许就在我们穿梭于大街小巷的那一瞬间，而后，才在下一个最普通的生活场景中顿悟。老子曾说："无名，天地之始，有名，万物之母"，造就这世上一切的客观自然规律却往往最容易被我们的五感所忽视，进而先验性的认为"有形"的才是"大象"，于是在越来越浮躁的年代，设计也渐渐地脱离它本应该有的内核而转向了"大跃进"式的癫狂。

也许，恰恰是"游心于淡，合气于漠，顺物自然而无容私"（庄子）的态度才是中国设计至少在这个阶段应该有的品性。

毕竟，后发民族现代化进程的补课在跨文化交流的同时，更应该心无旁骛冷静思考什么才是建构我们日常内在的设计。

如果一栋建筑要在背负起这个民族复兴之志的同时还要在多方层面上荣耀于世界的瞩目，那么它是否会在诸多"不得不"的理由下顾此失彼失掉了建筑最该有的本源；如果一个产品在顶着"创意"或"人情化"的光环下却因为功能先天不足而仅仅是一小部分人手中的玩物时，它是否就是这个"消费迷茫症"与"流行物欲症"横行社会里"恶趣味"的罪魁？

留给中国设计和中国设计师的时间没有想象的多，但也足够审时度势发挥后发优势，从自身开始重新抖擞设计师该有的善心、良心与责任心，忘掉设计，从身边最普通的人开始关注他们的生活所缺，协助他们想出一套生活方式来解决他们的不便，不以事微而不为，但也不因事多而妥协放弃批判性思维，借助拥有的话语权引导进而捍卫正确的价值观取向，如此种种，设计才能以最平易近人的视角完成它被赋予的职责。

参考文献

[1] Finnish Design. 芬兰设计[M]. 芬兰驻华大使馆 中国·北京，2000.

[2] （美）彼得·罗，关晟. 承传与交融–探讨中国近现代建筑的本质与形式[M]. 北京：中国建筑工业出版社，2004.

[3] （法）让·鲍德里亚. 消费社会[M]. 刘成富，全志钢译.南京：南京大学出版社，2001.

[4] （美）唐纳德·诺曼. 情感化设计[M]. 付秋芳，程进三译. 北京：电子工业出版社，2005.

[5] （美）唐纳德·诺曼. 情感化设计[M]. 付秋芳，程进三译. 北京：电子工业出版社，2005.

[6] 王受之. 世界现代建筑史[M]. 北京：中国建筑工业出版社，1999.

[7] 新民周刊电子版. 芬兰：人人都是设计师http：//xmzk. xinminweekly.com.cn/News/Content/887.

[8] Welcome to Finnish Design Thinking.

[9] 佛朗西斯科·波纳密. 向威尼斯学习[J]. domus中文版，2008（4）：20.

田野

博士，毕业于广东工业大学艺术与设计学院，师从方海先生；主要从事与集成创新、可持续设计以及设计史论相关的研究与实践；学术论文发表于A&HCI、CSSCI、CPCI、中文核心与中国科技核心等国内外学术期刊；参与国家社科基金、教育部青年基金等多个科研项目；加入中—瑞现代设计创新营、北欧设计交流培训营、芬兰设计及设计研究方法工作坊等多个国际联合工作组。